# Effective C# 6.0/7.0

Effective C# Third Edition: 50 Specific Ways to Improve Your C#

ジェネリスクとLINQを中心に、
洗練されたプログラムにする50の方法

●著●
Bill Wagner
●監訳●
鈴木幸敏

SHOEISHA

## 本書内容に関するお問い合わせについて

このたびは翔泳社の書籍をお買い上げいただき、誠にありがとうございます。弊社では、読者の皆様からのお問い合わせに適切に対応させていただくため、以下のガイドラインへのご協力をお願い致しております。下記項目をお読みいただき、手順に従ってお問い合わせください。

### ●ご質問される前に

弊社Webサイトの「正誤表」をご参照ください。これまでに判明した正誤や追加情報を掲載しています。

　　　正誤表　　　https://www.shoeisha.co.jp/book/errata/

### ●ご質問方法

弊社Webサイトの「刊行物Q&A」をご利用ください。

　　　刊行物Q&A　　　https://www.shoeisha.co.jp/book/qa/

インターネットをご利用でない場合は、FAXまたは郵便にて、下記"翔泳社 愛読者サービスセンター"までお問い合わせください。
電話でのご質問は、お受けしておりません。

### ●回答について

回答は、ご質問いただいた手段によってご返事申し上げます。ご質問の内容によっては、回答に数日ないしはそれ以上の期間を要する場合があります。

### ●ご質問に際してのご注意

本書の対象を越えるもの、記述個所を特定されないもの、また読者固有の環境に起因するご質問等にはお答えできませんので、あらかじめご了承ください。

### ●郵便物送付先およびFAX番号

　　　送付先住所　　　〒160-0006　東京都新宿区舟町5
　　　FAX番号　　　　03-5362-3818
　　　宛先　　　　　　（株）翔泳社 愛読者サービスセンター

※本書に記載されたURL等は予告なく変更される場合があります。
※本書の出版にあたっては正確な記述につとめましたが、著者や出版社などのいずれも、本書の内容に対してなんらかの保証をするものではなく、内容やサンプルに基づくいかなる運用結果に関してもいっさいの責任を負いません。
※本書に掲載されているサンプルプログラムやスクリプト、および実行結果を記した画面イメージなどは、特定の設定に基づいた環境にて再現される一例です。
※本書に記載されている会社名、製品名はそれぞれ各社の商標および登録商標です。
※本書ではTM、®、©は割愛させていただいております。

Authorized translation from the English language edition, entitled EFFECTIVE C# (COVERS C# 6.0), (INCLUDES CONTENT UPDATE PROGRAMS): 50 SPECIFIC WAYS TO IMPROVE YOUR C#, 3rd Edition, by WAGNER, BILL, published by Pearson Education, Inc, publishing as Addison-Wesley Professional, Copyright © 2017.

All rights reserved. No part of this book may be reproduced or transmitted in any form or by any means, electronic or mechanical, including photocopying, recording or by any information storage retrieval system, without permission from Pearson Education, Inc.

JAPANESE-language edition published by SHOEISHA CO., LTD, Copyright © 2018.
JAPANESE translation rights arranged with PEARSON EDUCATION, Inc. through JAPAN UNI AGENCY, INC., TOKYO JAPAN

# 前書き

　2016年現在におけるC#コミュニティは『Effective C#』の初版が出版された2004年と比較すると大きく変わりました。遥かに多数の開発者たちがC#を使用するようになっています。ほとんどのC#コミュニティにおいて、C#は第一級のプロフェッショナル向けの言語だと認識されています。また、多くの開発者たちは別の言語で培われた習慣を持ち込むことなくC#に接しているようです。コミュニティの幅もさらに広くなっています。新卒生からプロの開発者まで、さまざまな人々がC#を使用しています。C#は今やあらゆるプラットフォーム上で動作します。サーバーアプリケーションやWebサイト、デスクトップアプリケーション、複数のモバイル環境用アプリケーションまで、さまざまなアプリケーションをC#で開発できます。

　本書『Effective C# 6.0/7.0』はC#言語とC#コミュニティの双方に起きた変化を反映したものになっています。『Effective C#』シリーズはC#の歴史的変遷を説明するものではありません。そうではなく、現在のC#における用法を説明するものです。旧版から削除された項目はいずれも、現在のC#あるいはC#アプリケーションとは関係しなくなったものです。新規追加された項目は言語やフレームワークの新機能、ならびにコミュニティが複数のバージョンのC#を経て培ったテクニックが元になっています。既刊の読者であれば、本書には『More Effective C#』の初版に含まれていた項目が追加されていたり、多数の項目が削除されていたりすることに気がつくことでしょう。今回の版では章を再構成しており、本書のコンセプトから外れる項目については『More Effective C# 6.0/7.0』の新版に移動されています。本書にある50項目はいずれも、プロの開発者としてC#をさらに応用するための手助けとなるものばかりです。

　本書はC# 6.0を想定していますが、すべての新機能を網羅しているわけではありません。他のEffective Software Developmentシリーズと同様、日々遭遇するであろう問題に対して、どの機能を使用すれば解決できるのかという観点から構成された内容になっています。C# 6.0の新機能については、それが新しいテクニックとなり得たり、既存のテクニックを刷新するようなものに限って説明をしています。インターネット検索では数年使い古されてきたテクニックも多く見つけられます。そういったものについては、以前の推奨方法に触れた上で、新機能による優れた実装方法を説明しています。

　本書にある推奨コードの多くは、Roslynベースの解析およびコード修正機能で検証しています。この機能は以下のサイトで管理されています。

https://github.com/BillWagner/EffectiveCSharpAnalyzers

意見がある、あるいは貢献したいという方はぜひissueの作成や、プルリクエストの送信をお願いします。

## 本書が対象とする読者

『Effective C#』はC#を日々の業務で使用するような、プロの開発者向けに執筆されています。そのため、読者がすでにC#の文法や言語機能に慣れ親しんでいるという前提になっています。本書では言語機能の基本的な用法を説明しません。代わりに、現在のバージョンにおけるC#の機能を活用して、日々の開発作業に役立てるための方法を説明しています。

また、言語機能だけではなく、共通言語ランタイム（Common Language Runtime:CLR）やJIT（Just-In-Time）コンパイラに対してもある程度の知識があることを前提としています。

## 本書の内容

本書にはほぼすべてのC#プログラムにあり、日々使用するような言語要素が表れます。第1章「C#言語イディオム」では、繰り返し使用して手になじむべきであるような言語イディオムを紹介しています。いずれも、型の一部やアルゴリズムの一部のコードとして応用できるようなものばかりです。

マネージ環境上で動作するということは、すべての責任を環境に任せられるということではありません。特定のパフォーマンス要求を満たすようなプログラムを正しく実装するためには、環境に対する考慮が依然として必要です。単にパフォーマンスのテストやチューニングだけではありません。第2章「リソース管理」では、細部の最適化を始める前にパフォーマンスを改善できるよう、環境の扱い方における設計テクニックを紹介します。

ジェネリックはC# 2.0以降で追加されたあらゆる機能において利用できる言語機能です。第3章「ジェネリックによる処理」では、`System.Object`をキャストする代わりにジェネリックを使用する方法や、ジェネリック型における制約、型の特化、メソッド制約、後方互換性といった機能を紹介します。ジェネリックの用法を習得することで設計したコードの意図を簡単に伝えられるようになります。

第4章「LINQを扱う処理」では、LINQやクエリ構文、および関連する機能を紹介します。制約を実装から切り離す際に拡張メソッドを使用すべきタイミング、C#のクロージャを効率的に使用する方法、そして匿名型を利用したプログラミングの方法などがあります。また、C#コンパイラがクエリのキーワードをメソッド呼び出しにマッピングする方法や、デリゲートと式ツリーを区別する方法（および必要に応じて相互に変換する方法）、単一の結果が必要な場合にクエリをエスケープする方法などもあります。

第5章「例外処理」では、現代的なC#プログラムにおいて、例外やエラーを処理する場合のガイダンスを紹介しています。適切なエラーが確実に通知されるようにする方法や、エラーが

発生した場合でもプログラムの状態を整合性が取れたままにし、理想的には状態が変更されないようにする方法について説明しています。また、自身が作成したコードの利用者にとってデバッグしやすい環境を提供するための方法についても説明します。

## コーディング規約

　本書にあるコードは、ページの制約および簡潔さとのバランスを取らざるを得ないものになっています。そのため、説明の対象に注目することができるよう、サンプルコードを省略することがあります。特にクラスのプロパティやメソッドなどが省略されています。またページの都合上、エラー処理のコードも省略されることがあります。公開用メソッドでは引数やその他の入力を検証すべきですが、本書では省略されています。同様にして、複雑なアルゴリズムを実装する場合には必須であるような検証用メソッドの呼び出しや try...catch 句なども省略されます。

　なおサンプルコードで使用する名前空間については、読者が適切なものを探し出せるという前提で省略されています。すべてのサンプルコードで以下の using 文が省略されていると考えていただいて構いません。

```
using System;
using static System.Console;
using System.Collections.Generic;
using System.Linq;
using System.Text;
```

## 本書に対するフィードバック

　筆者、ならびに本書のレビュアーの皆さんが最善を尽くしてはいますが、文書やサンプルコードに間違いが残されているかもしれません。もし間違いを見つけた場合には、

bill@thebillwagner.com

宛にメールを送るか、Twitterで

@billwagner

宛にメッセージを送ってください。訂正一覧については、

## 本書に対するフィードバック

http://thebillwagner.com/Resources/EffectiveCS

に掲載されます。本書にある多くの項目はC#開発者の人々とのメールやTwitterでのやりとりから生まれたものです。推奨内容についての疑問や意見がある場合には筆者宛に連絡をください。一般的な関心事については筆者のブログ、

http://thebillwagner.com/Blog

を参考にしてください。

# 謝辞

本書の執筆に際しては非常に多くの方々にお世話になりました。まず、素晴らしいC#コミュニティの一員でいられていることに感謝しています。C# Insidersメーリングリストにいる（Microsoft内外の）全メンバーとは、本書の改善に役立つような意見や議論を交わすことができました。

筆者を直接手助けしてくれて、意見を推奨事項として置き換える手助けをしてくれた一部のC#コミュニティメンバーについては名前をあげさせてください。Jon Skeet、Dustin Campbell、Kevin Pilch-Bisson、Jared Parsons、Scott Allen、そして何よりMads Torgersenとの議論は本書に加筆した多くの項目の基礎となりました。

また、技術的レビューチームの素晴らしい活躍にも感謝します。Jason Bock、Mark Michaelis、Eric Lippertは本書を熟読し、皆さんが期待した以上のクオリティに引き上げてくれました。彼らのレビューは本書全体にいたる完璧なもので、誰もがうらやむようなものでした。さらに、項目内の説明を改善できるような推奨事項をいくつも追加してくれました。

Addison-Wesleyの編集チームは夢のように素晴らしいチームです。Trina Macdonaldは素晴らしい編集者であり、監督者であり、本書の完成に必要なあらゆる作業を担当してくれました。彼女はMark RenfroやOlivia Basegio、そして私にも何度も指示を出してくれました。彼女たちは表紙から裏表紙にいたるすべてにおいて尽力してくれました。Curt Johnsonは技術的な販売促進業務においてこれまでと同じく貢献してくれました。Curtはあらゆる形態の本書に携わってくれました。

繰り返しになりますが、Scott Meyersシリーズの一員となれたことを光栄に思っています。彼はすべての原稿に目を通して、改善の指摘やコメントをしてくれました。彼は本当に素晴らしい人で、彼のソフトウェア分野における、C#に限定されない経験によって、項目で不足していた説明箇所を見つけ出したり、推奨内容を補完してくれたりしました。彼のフィードバックはいつでもかけがえのないものです。

本書の原稿が完成するまで見守ってくれた家族にも感謝しています。妻Marleneは筆者が原稿やサンプルコードの作成に何時間もかけている間も見守ってくれていました。彼女の協力なしではどの書籍も完成させることができませんでした。また、満足する出来にもならなかったことでしょう。

## 筆者について

　Bill Wagnerは世界的にも重要なC#開発者の1人で、ECMA C#標準委員会（ECMA C# Standards Committee）のメンバーである。彼はHumanitarian Toolbox社の社長で、Microsoft Regional Directorならびに.NET MVPを11年間受賞しており、近年では.NET財団（.NET Foundation）の諮問委員も務めた。Wagnerはスタートアップ会社から大企業にいたるまで、ソフトウェア開発チームの開発プロセス改善に携わっていた。彼は現在、.NET Core関連のチームメンバーとしてMicrosoft社に勤務している。また、C#言語や.NET Coreに興味を持つ人々向けに教育教材を作成している。Billはイリノイ大学アーバナ・シャンペーン校を卒業し、コンピュータサイエンスの分野における学士号を取得した。

# 目次

## 第1章　C#言語イディオム ……………………………………………… 1

項目1　ローカル変数の型をなるべく暗黙的に指定すること …………………………… 1
項目2　const よりも readonly を使用すること ………………………………………… 7
項目3　キャストには is または as を使用すること ……………………………………… 11
項目4　string.Format() を補間文字列に置き換える …………………………………… 18
項目5　カルチャ固有の文字列よりも FormattableString を使用すること …………… 22
項目6　文字列指定の API を使用しないこと …………………………………………… 24
項目7　デリゲートを使用してコールバックを表現する ………………………………… 25
項目8　イベントの呼び出し時に null 条件演算子を使用すること ……………………… 29
項目9　ボックス化およびボックス化解除を最小限に抑える …………………………… 32
項目10　親クラスの変更に応じる場合のみ new 修飾子を使用すること ……………… 35

## 第2章　リソース管理 …………………………………………………… 39

項目11　.NET のリソース管理を理解する ……………………………………………… 39
項目12　メンバには割り当て演算子よりもオブジェクト初期化子を使用すること …… 44
項目13　static メンバを適切に初期化すること ………………………………………… 47
項目14　初期化ロジックの重複を最小化する …………………………………………… 49
項目15　不必要なオブジェクトの生成を避けること …………………………………… 56
項目16　コンストラクタ内では仮想メソッドを呼ばないこと ………………………… 60
項目17　標準的な Dispose パターンを実装する ………………………………………… 63

## 第3章　ジェネリックによる処理 ……………………………………… 71

項目18　最低限必須となる制約を常に定義すること …………………………………… 73

項目19　実行時の型チェックを使用してジェネリックアルゴリズムを特化する ････････････････････ 78
項目20　IComparable<T>とIComparer<T>により順序関係を実装する ･･･････････････････ 84
項目21　破棄可能な型引数をサポートするようにジェネリック型を作成すること ････････････････ 89
項目22　ジェネリックの共変性と反変性をサポートする ････････････････････････････････････ 92
項目23　型パラメータにおけるメソッドの制約をデリゲートとして定義する ･･････････････････ 97
項目24　親クラスやインターフェイス用に特化したジェネリックメソッドを作成しないこと ････ 102
項目25　型引数がインスタンスのフィールドではない場合には
　　　　ジェネリックメソッドとして定義すること ･･････････････････････････････････････ 106
項目26　ジェネリックインターフェイスとともに古いインターフェイスを実装すること ･･･････ 109
項目27　最小限に制限されたインターフェイスを拡張メソッドにより機能拡張する ･･････････ 115
項目28　構築された型に対する拡張メソッドを検討すること ･･････････････････････････････ 118

# 第4章　LINQを扱う処理 ･･････････････････････････････････････ 121

項目29　コレクションを返すメソッドではなくイテレータを返すメソッドとすること ･･････････ 121
項目30　ループよりもクエリ構文を使用すること ････････････････････････････････････････ 126
項目31　シーケンス用の組み合わせ可能なAPIを作成する ･･･････････････････････････････ 130
項目32　反復処理をAction、Predicate、Funcと分離する ････････････････････････････ 136
項目33　要求に応じてシーケンスの要素を生成する ････････････････････････････････････ 140
項目34　関数引数を使用して役割を分離する ････････････････････････････････････････ 142
項目35　拡張メソッドをオーバーロードしないこと ････････････････････････････････････ 148
項目36　クエリ式とメソッド呼び出しの対応を把握する ････････････････････････････････ 151
項目37　クエリを即時評価ではなく遅延評価すること ････････････････････････････････ 161
項目38　メソッドよりもラムダ式を使用すること ････････････････････････････････････ 166
項目39　FuncやAction内では例外をスローしないこと ･････････････････････････････ 169
項目40　即時実行と遅延実行を区別すること ････････････････････････････････････････ 172
項目41　コストのかかるリソースを維持し続けないこと ････････････････････････････････ 175
項目42　IEnumerableとIQueryableを区別すること ･････････････････････････････ 187
項目43　クエリに期待する意味をSingle()やFirst()を使用して表現すること ･････････ 191
項目44　束縛した変数を変更しないこと ････････････････････････････････････････････ 193

# 第5章　例外処理 …… 199

項目45　契約違反を例外として報告すること …… 199

項目46　usingおよびtry...finallyを使用してリソースの後処理を行う …… 202

項目47　アプリケーション固有の例外クラスを作成する …… 208

項目48　例外を強く保証すること …… 213

項目49　catchからの再スローよりも例外フィルタを使用すること …… 220

項目50　例外フィルタの副作用を活用する …… 223

索引 …… 227

# 第1章　C#言語イディオム

　現状においても正しく機能するものを変更しようとする場合、その理由とは果たして何でしょうか? 答えは、その機能が改善し得るものだからです。プログラマがツールやプログラミング言語を変更するのは、そうすることによって生産性をより高めることができるからです。今までの習慣を変えない限り、事態の改善は期待できません。そうは言っても新しい言語、つまりC#がこれまで慣れ親しんできたC++やJavaのような言語と似ても似つかないものであったとしたら、新しい言語を使い始めることに大きな抵抗があることも事実です。C#は波括弧を使用する言語であるため、同族の別の言語で使用していたイディオムを簡単に応用できます。しかしそれはC#を最大限に活用できないという問題を引き起こすかもしれません。C#言語は2001年の正式リリース以降、常に進化し続けています。初期リリースから比較すると、C++やJavaとの差分もかなり少なくなりました。他の言語の視点からC#を捉えようとする際、C#の流儀に反するのではなく、C#の流儀に従って言語機能を活用できるよう、C#のイディオムを学習することが必要です。この章ではそういった方々が変えるべき流儀、そしてその変え方について説明します。

## 項目1　ローカル変数の型をなるべく暗黙的に指定すること

　ローカル変数の型を暗黙的に指定する機能は、C#言語において匿名型をサポートするために導入されました。また、クエリの結果を表すIQueryable<T>やIEnumerable<T>といった型を暗黙的にローカル宣言するためという理由もありました。もしIQueryable<T>コレクションをIEnumerable<T>として強制してしまうと、IQueryProviderの利点（項目42参照）が損なわれてしまいます。また、varを使用することによって、開発者がコードを理解しやすくもなります。Dictionary<int, Queue<string>>という型名よりも、jobsQueuedByRegionという変数名の方がコードの理解に役立つはずです。

　筆者としては、ローカル変数の型を宣言する場合にはvarを推奨します。これは筆者の経験に由来するもので、varを使用した方が開発者にとって重要なポイント（コードの意味）に注力でき、ローカル変数の型という細部を気にせずに済ませられるからです。型チェックに違反

するような処理を実行しようとすれば、コンパイラが警告してくれます。型名をすべて入力したからといって、変数がタイプセーフであるとは限りません。たいていの場合、`IQueryable`と`IEnumerable`の違いは開発者にとって何の情報にもなりません。しかし型を明記することでコンパイラにそれを伝えてしまうと、結果として意図していない挙動となることがあり得ます（項目42参照）。ローカル変数の型を自分で選択するよりも、コンパイラに選択させた方がよい場合が多々あるのです。ただし場合によっては、varの乱用によってコードの可読性が下がることもあります。さらに問題なことに、ローカル変数の型を暗黙的に宣言したために、型変換における潜在的なバグが発生する可能性もあります。

　ローカル変数の型推論機能は、C#における静的型付け機能からすると何の影響もありません。それはなぜでしょうか？　まず、ローカル変数の型推論は動的型付けとは異なるものだということを理解する必要があります。varで宣言された変数は動的型ではなく、右辺の式によって暗黙的に型が宣言されているだけです。varを使用すると、作成しようとしている型をコンパイラに伝えないことになります。その代わり、コンパイラが代わりに型を宣言するわけです。

　ではまず可読性の問題から説明しましょう。ほとんどの場合、ローカル変数の型は初期化ステートメントを確認するだけでわかります。

```
var foo = new MyType();
```

優秀な開発者であれば、この宣言からfooの型が何かわかるはずです。ファクトリーメソッドであっても同様です。

```
var thing = AccountFactory.CreateSavingsAccount();
```

しかしメソッド名から返り値の型が明確でない場合もあります。

```
var result = someObject.DoSomeWork(anotherParameter);
```

もちろんこれは恣意的な例であって、実際のコードでは何が返されるのかわかりやすいような名前が付けられていることでしょう。恣意的な例ではありますが、変数名を工夫することでもう少し理解しやすくなります。

```
var HighestSellingProduct = someObject.DoSomeWork(anotherParameter);
```

型名が明記されていなくても、たいていの場合この変数の型が`Product`だと正しく推測できることでしょう。

　もちろん`DoSomeWork`の実際のシグネチャ次第なので、`HighestSellingProduct`は`Product`型ではないかもしれません。`Product`から派生した型かもしれませんし、`Product`

が実装するインターフェイスのいずれかかもしれません。コンパイラは、DoSomeWork メソッドのシグネチャからわかる何かしらの型が HighestSellingProduct の型であるということを信じるだけです。実行時の型が Product かどうかは問題にはなりません。コンパイル時の型と実行時の型が異なる場合、コンパイラによる判断の方が常に優先されます。何かしらのキャストをしない限り、コンパイラの決定は覆りません。

　var がコードの可読性に影響するかどうかという話題に移ることにしましょう。メソッドから返される値を保持する変数に対して、その型を var で定義すると、コードを読む際に混乱する可能性があります。コードを読んだ人からすると、この変数はある特定の型だと想定するでしょう。実際、実行時においてはその予想は正しいかもしれません。しかしコンパイラにしてみると、実行時におけるオブジェクトの型をそれと決めるようなわがままは許されていません。コンパイラは宣言されているコードを元にしてコンパイル時の型を決定し、ローカル変数の型を推測するのです。ここでの違いは、宣言された変数の型をコンパイラが決定するという点です。開発者自身が型を宣言した場合、他の開発者もその宣言された型を確認できます。一方、var を使用するとコンパイラが型を決定しますが、開発者からはその型が何なのか、コードからは確認できない場合があります。このようなコードを記述してしまうと、開発者がコードを読んだ場合と、コンパイラが決定した場合で型が結果的に異なるという状況が起こります。それによって、メンテナンスエラーであったり、回避可能だったはずのバグが発生したりということが起こります。

　続いて、組み込みの数値型ローカル変数に対して、暗黙的に型宣言した場合に起こる問題について説明しましょう。組み込みの数値型には非常に多くの暗黙的な型変換が用意されています。たとえば float から double というように、広い方向への型変換は常に安全です。あるいは long から int のような、精度が失われるような変換もあります。すべての数値型を明記すれば、使用される型を自分で制御できるため、危険な変換が発生し得る場合にはコンパイラから警告されるようになります。

　以下のコードがあるとします。

```
var f = GetMagicNumber();
var total = 100 * f / 6;
Console.WriteLine(
    $"宣言された型: {total.GetType().Name}, 値: {total}");
```

total の型は何でしょうか？ それは GetMagicNumber から返される型によって決まります。以下の5つの出力は、GetMagicNumber をそれぞれ別の型を返すようにして実行した結果です。

```
宣言された型: Double, 値: 166.666666666667
宣言された型: Single, 値: 166.6667
宣言された型: Decimal, 値: 166.6666666666666666666666667
```

```
宣言された型: Int32, 値: 166
宣言された型: Int64, 値: 166
```

　型がそれぞれ異なるのは、コンパイラが f の型を推論し、それにより total の型の推論結果も変わるためです。コンパイラは GetMagicNumber() の返り値の型と変数 f の型が同じものだと判断します。total の式にある他の定数はいずれもリテラルであるため、コンパイラはこれらのリテラルを f と同じ型に変換します。そしてその型にとって適切な規則に従って計算が実行されるわけです。異なる型でルールが異なるのであれば、結果も異なることになります。

　これは言語の問題ではありません。C# コンパイラは要求通りの動作を実行しています。ローカル変数の型推論を使用すると、開発者が把握している以上の情報を集めるようコンパイラに指示することになります。そして右辺の式を元に、最善の型が選ばれます。組み込み型を組み合わせる場合には特に注意が必要です。というのも、組み込み型には非常に多くの暗黙的な型変換が用意されているためです。さらに、数値型はそれぞれ精度が異なるため、コードの可読性だけではなく、値の正確さにも影響が出ます。

　当然ですが、問題が起こるのは var を使用した場合に限りません。問題なのは、GetMagicNumber() の返り値の型がコードを読むだけでは理解しづらいことと、組み込みの型変換機能が影響することにあります。変数 f の宣言がメソッドから削除されたとしても、やはり同じ問題が起こります。

```
var total = 100 * GetMagicNumber() / 6;
Console.WriteLine(
    $"宣言された型: {total.GetType().Name}, 値: {total}");
```

　また、total の型を明示的に指定した場合でも問題は起こります。

```
double total = 100 * GetMagicNumber() / 6;
Console.WriteLine(
    $"宣言された型: {total.GetType().Name}, 値: {total}");
```

　total の型は double ですが、GetMagicNumber() が整数値を返すと四捨五入された値が結果として返されます。

　問題なのは、GetMagicNumber() の返り値の型が実際には何かということがこのコードだけではわからないということと、どういった数値変換が行われるのかが簡単には決まらないという点です。

　GetMagicNumber() に期待する返り値の型を明記して同じ処理を実行した場合と比較してみましょう。この場合、開発者の想定が間違っていればコンパイラがそれを指摘してくれます。変数 f に明記された型と、GetMagicNumber() の返り値の型との間に暗黙的な型変換が用意されていれば、その変換が行われるだけです。たとえば GetMagicNumber() の返り値が int

型で、fの型がdecimalという場合です。しかし暗黙的な型変換が存在しない場合にはコンパイルエラーになります。想定を変える必要があるわけです。したがって、コードを見ればどういった変換が行われるべきなのか把握することができるのです。

先の例は、コードをメンテナンスする人にとって、ローカル変数の暗黙的な型推論が面倒を起こし得るという話でした。コンパイラはいつも通りの挙動として、型をチェックしているだけです。しかし開発者からすると、どういった規則や変換が適用されたのかわかりづらいという状況でした。こういった状況においては、ローカルの型推論のために型が見通しづらくなるという問題が起こります。

しかし場合によっては、開発者よりもコンパイラの方が変数に最適な型を選び出してくれることがあります。たとえばデータベースに保存された顧客名のうち、特定の文字列で始まるものを返すような以下のコードがあるとします。

```
public IEnumerable<string> FindCustomersStartingWith1(
string start)
{
    IEnumerable<string> q =
        from c in db.Customers
        select c.ContactName;

    var q2 = q.Where(s => s.StartsWith(start));
    return q2;
}
```

このコードにはパフォーマンス的に重大な欠点があります。顧客の連絡先（ContactName）一覧を保持する最初のクエリはIEnumerable<string>と宣言されています。このクエリはデータベースに対して実行されるため、実際にはIQueryable<string>です。ところが返り値の型が厳密に宣言されているために、いくつかの情報が失われます。IQueryable<string>はIEnumerable<T>から派生しているため、コンパイラはこの式に対する警告を通知しません。2つ目の式においても、Queryable.Whereではなく、Enumerable.Whereが呼ばれることになります。上記のコードの場合、開発者が明示した型（IEnumerable<string>）よりも適した型（IQueryable<string>）をコンパイラは特定できることでしょう。IQueryable<string>からの暗黙的な型変換がなければコンパイラからエラーが返されたはずです。しかしIQueryable<string>はIEnumerable<string>から派生しているため、コンパイラはこの変換を受け入れ、結果として開発者自身のミスになります。

2つ目のクエリではQueryable.Whereではなく、Enumerable.Whereが呼ばれます。この違いはパフォーマンスに重大な影響を与えることが予想されます。項目42では、IQueryableを使用すると複数のクエリ式ツリーをまとめて1つの演算とし、一度に実行させられるという、特にデータがリモートサーバーにあるような場合に有効な方法を説明しています。今回の場合、2つ目のクエリ（where句の部分）ではソースがIEnumerable<string>だと認識され

ます。この違いは重大です。というのも、1つ目のクエリに相当するものだけがリモートサーバー上でクエリとして組み立てられることになるからです。データソースからはすべての顧客名リストが返されます。2つ目の文（where句）はこの全顧客名リストをローカルで処理し、特定の名前に一致するものだけを返すのです。

次のバージョンと比較してみましょう。

```
public IEnumerable<string> FindCustomersStartingWith
(string start)
{
    var q =
        from c in db.Customers
        select c.ContactName;

    var q2 = q.Where(s => s.StartsWith(start));
    return q2;
}
```

今回の場合、qの型はIQueryable<string>です。コンパイラはクエリのソースの返り値から型を推論します。2番目の文もクエリに統合されて、where句が追加されます。そしてより適切な式ツリーが新たに保持されることになります。実際のデータは呼び出し元がクエリを実行し、結果を走査しようとした時点においてのみ受信することになります。クエリをフィルタする式はデータソース側に渡されることになるため、フィルタに該当するデータだけが結果のシーケンスに含まれます。ネットワーク帯域を節約できるだけでなく、クエリ自体も最適化されます。この例は恣意的で、通常は単一のクエリとして作成するでしょうが、実際には複数のメソッドによって組み合わせられるクエリもあるでしょう。

ここでのポイントは、qが（コンパイラによって）IEnumerable<string>ではなく、IQueryable<string>として宣言されたことです。拡張メソッドは仮想（virtual）メソッドとすることはできず、実行時におけるオブジェクトの型に依存することもできません。その代わり、拡張メソッドは静的（static）メソッドであるので、コンパイラは実行時の型ではなく、コンパイル時の型を元にして、どのメソッドが最適なのかを判断できます。なお拡張メソッドは遅延バインディング時には考慮されません。実行時の型において呼び出すことができるメンバが存在したとしても、コンパイラにはそれが把握できないため、候補とはならないからです。

引数の実行時における型を確認するような拡張メソッドを実装することもできるという点には注意してください。実行時の型に応じて異なる機能となるような拡張メソッドを作成できます。実際Enumerable.Reverse()では、引数がIList<T>かICollection<T>を実装している場合にパフォーマンスを向上させることができるよう、引数の型を確認しています（項目3参照）。

コードを記述する際には、コンパイル時における変数の型をコンパイラに暗黙的に決定させ

ることによって、可読性に影響が出るのかどうか判断する必要があります。もしも第三者がコードを読んだ際に、ローカル変数の型がすぐにそれと判断できないようであれば、型を明記するべきです。しかしたいていの場合、変数の意味論的情報はコードから十分読み取ることができます。先ほどの例であれば、変数qが連絡先の一覧（文字列の一覧）であることがわかります。初期化式により、意味論的情報が確実に得られます。変数がクエリ式によって初期化される場合には、たいていその意味は明白です。変数の意味論的情報が明確であろうとなかろうと、varを使うことはできるでしょう。しかし最初に指摘したように、開発者が初期化式から意味論的情報を明確に得られないようであればvarを使うべきではなく、型を明記してその情報を伝えるようにすべきです。

　以上のことから、（将来の自分も含む）開発者にとって、コードを理解するために型の宣言が必要にならないのであれば、ローカル変数をvarとして宣言するのが最善だということです。この項目タイトルも「常に」ではなく、「なるべく」としています。数値型（intやfloat、doubleなど）についてはvarではなく、型を明記することを推奨します。その他についてはvarとしてよいでしょう。型を明記するためになるべく多くキーボードを叩いたからといって、型の安全性が増すわけでもなければ、コードの可読性が上がるわけでもありません。間違った型を開発者が入力したために、コンパイラに任せていれば避けられた問題を招く場合もあります。

## 項目2　constよりもreadonlyを使用すること

　C#には**コンパイル時定数**と、**実行時定数**という2つの定数があります。これらはまったく異なる挙動をするものであるため、用法を間違うと大変なことになります。コンパイル時定数よりも、実行時定数をなるべく使用するとよいでしょう。コンパイル時定数は実行時定数と比較すると、実行速度的に若干有利ですが、柔軟性の点で劣ります。コンパイル時定数は、パフォーマンスが要求される場面で、かつ定数値が将来のリリースにわたって変更されない場合にのみ使用するようにします。

　コンパイル時定数はconstキーワードを指定します。実行時定数はreadonlyキーワードを指定して宣言します。

```
// コンパイル時定数:
public const int Millennium = 2000;

// 実行時定数:
public static readonly int ThisYear = 2004;
```

　上のコードは、クラスあるいは構造体のスコープにおける定数を表しています。コンパイル時定数はメソッド内でも宣言できます。読み取り専用の定数（実行時定数）はメソッド内では

定義できません。

　コンパイル時定数と実行時定数の挙動の違いは、それぞれの使われ方に現れます。コンパイル時定数は、オブジェクトコード内の定数値に置き換えられます。たとえば以下のコードがあるとします。

```
if (myDateTime.Year == Millennium)
```

　このコードがコンパイルされると、以下のコードをコンパイルした結果生成されるMicrosoft中間言語（Microsoft Intermediate Language：MSILまたはIL）と同じコードが出力されます。

```
if (myDateTime.Year == 2000)
```

　実行時定数は実行時に評価されます。読み取り専用の定数を参照するコードに対応するILはreadonly変数を参照するものになります。値を直接参照するものにはなりません。
　こういった違いがあるため、定数とすることができる型はそれぞれ異なります。コンパイル時定数とすることができるのは、整数型や浮動小数型、列挙型、文字列型だけです。これらの型は初期化子に意味のある値を指定することができます。コンパイラが生成したIL中において、リテラル値に置き換えられるものはこれらプリミティブ型の値だけです。
　以下のコードはコンパイルできません。たとえ値型であろうとも、コンパイル時定数をnewで初期化することはできないのです。

```
// コンパイル不可。readonlyを使用する必要がある
private const DateTime classCreation = new DateTime(2000, 1, 1, 0, 0, 0);
```

　コンパイル時定数は数値、文字列、nullに限定されます。読み取り専用の値も、コンストラクタが実行された後には値を変更できないという意味で定数です。しかし読み取り専用の値は実行時に値が割り当てられるという違いがあります。実行時定数を使用する方がより柔軟な対応が可能です。たとえば実行時定数とすることができるのはすべての型です。実行時定数はコンストラクタ中で初期化するか、そうでなければ初期化子を指定します。DateTime構造体の値をreadonlyにすることもできます。一方、DateTime型の値をconstにはできません。
　readonlyの値はクラス型のインスタンスごとに異なる値を持つような定数とすることができます。コンパイル時定数はその定義通り、静的定数です。
　これら2種類の定数における一番の違いは、readonlyの値が実行時に解決されるという点です。readonlyの定数を参照するコードに対して生成されるILでは、参照先が値ではなく、readonly変数になります。この違いは、長期にわたるメンテナンスの際に重要になってきます。コンパイル時定数は、コードに記述された数値を反映して、常に同じILとして出力されます。それはアセンブリを超えた場合でも同様です。あるアセンブリ内で定義されたコンパイル

時定数は、別のアセンブリから使用した場合でも値に置き換えられます。

　コンパイル時定数と実行時定数の評価方法の違いは、実行時の互換性に影響します。たとえば以下のconstとreadonlyフィールドがInfrastructureという名前のアセンブリ内に定義されているとします。

```
public class UsefulValues
{
    public static readonly int StartValue = 5;
    public const int EndValue = 10;
}
```

別のアセンブリからこれらの値を参照します。

```
for (int i = UsefulValues.StartValue;
    i < UsefulValues.EndValue; i++)
    Console.WriteLine("値は {0}", i);
```

この小さなテストコードを実行すると、当然以下のように出力されます。

```
値は 5
値は 6
…
値は 9
```

　時が経ち、Infrastructureアセンブリの新しいバージョンが以下のように変更されてリリースされたとします。

```
public class UsefulValues
{
    public static readonly int StartValue = 105;
    public const int EndValue = 120;
}
```

　アプリケーション側のアセンブリを再ビルドせずに、Infrastructureアセンブリを配布しました。おそらくは以下のように出力されることを期待するでしょう。

```
値は 105
値は 106
…
値は 119
```

　しかし実際には何も出力されません。先のループは、開始値が105、終了値が10となっているからです。C#コンパイラはアプリケーション側のアセンブリにおいて、EndValue用のメモ

リ領域を参照するのではなく、constの値10に置き換えます。StartValueの値はどうでしょうか。この値はreadonlyとして定義されていました。つまり実行時に解決されます。したがってアプリケーション側のアセンブリでは、再コンパイルすることなく新しい値が使用されるようになります。単にInfrastructureアセンブリを置き換えるだけで、この値を使用するコードすべての挙動を変更できるわけです。public定数の更新は、インターフェイスの変更とみなされます。そのため、定数を参照するコードをすべて再コンパイルする必要があります。一方、readonly定数の更新は実装の変更に過ぎません。定数を使用する既存のコードとバイナリ互換性があります。

とはいえ、コンパイル時に値を固定しておきたいという場合も確かにあります。たとえば税率を計算するプログラムを作成しているとしましょう。複数のアセンブリで税率の計算機能を呼び出しているものの、この計算式に関する法律は任意のタイミングで変更されることがあります。こういった状況において、法改正の影響を受けるアセンブリは一部に限定されるため、アセンブリがそれぞれ異なるサイクルで更新されることになります。各クラスにおいては、法改正の日付を報告させたいとします。法改正の版番号をコンパイル時定数とすることにより、それぞれのアルゴリズムにおいて最終更新日が適切に報告されるようにできます。

あるクラスにおいて、マスターとなる版番号を定義します。

```
public class RevisionInfo
{
    public const string RevisionString = "1.1.R9";
    public const string RevisionMessage = "Updated Fall 2015";
}
```

そして計算を実行する別のクラスでは、このマスターの版番号情報を利用するようにします。

```
public class ComputationEngine
{
    public string Revision = RevisionInfo.RevisionString;
    public string RevisionMessage = RevisionInfo.RevisionMessage;

    // その他のAPIは省略
}
```

再ビルドのたびに版番号が最新バージョンに更新されます。しかし個別のアセンブリがパッチとして提供されると、新しいパッチには新しい版番号が含まれていますが、更新されなかったアセンブリはパッチの影響を受けません。

最後に説明するreadonlyにはないconstの利点は、パフォーマンスです。readonlyの値用の変数にアクセスするコードよりも、既知の定数値を使用するコードの方が若干効率的です。しかしその差はわずかしかないため、柔軟性を損なってまで効率性を上げる必要があるかどうかはよく検討する必要があるでしょう。柔軟性をなくしてしまう前に、まずはパフォーマ

ンスを測定するべきです。(もしもお気に入りのツールがまだないようであれば、Benchmark DotNet：https://github.com/PerfDotNet/から入手できるBenchmarkDotNetを試すとよいでしょう)。

　名前付き引数と省略可能引数を使用する場合にも、コンパイル時定数と実行時定数のトレードオフがあります。省略可能な引数に対するデフォルト値は、そのメソッドを呼び出す側のコード内に置かれますが、これはデフォルト値が(constとして宣言された)コンパイル時定数として記述されているようなものです。したがってreadonlyとconstの値と同様に、省略可能引数を変更する場合には注意が必要です(項目10参照)。

　constはコンパイル時に値が利用可能でなければならない場合にのみ使用すべきです。すなわち、属性の引数や、switch caseのラベル、enumの定義、リリースをまたいでも不変な値を定義する必要があるようなまれな場合だけです。これらに該当しない場合はreadonlyを使用した方が高い柔軟性を得られます。

## 項目3　キャストにはisまたはasを使用すること

　C#の流儀に従う限りは、静的型付けの恩恵にあずかることができます。これはたいていの場合においてありがたいことです。強い型付け(strong typing)とは、コード内における型の不一致をコンパイラが見つけてくれることを期待するということです。しかし場合によっては、実行時の型チェックが避けられないこともあります。C#では、フレームワークによってメソッドのシグネチャが定義されているために、object型の引数を扱う関数を作成しなければならないことがたびたびあります。この場合、object型の引数をクラスかインターフェイスのいずれか別の型へキャストすることになるでしょう。その方法としては2つ選択肢があります。1つはas演算子を使用する方法、もう1つはキャストを使用して開発者の意思をコンパイラに強制させる方法です。あるいはさらに保守的に、isを使用して変換可能か確認してから、asまたはキャストを使用することもできるでしょう。

　むやみにキャストをするよりもas演算子の方が安全で、かつ実行時の効率も優れるため、as演算子が使用できる場合には常にasを使用するというのが正しい選択です。asおよびis演算子はユーザー定義の変換をまったく行いません。これらの演算子は、実行時の型が要求された型と一致する場合にのみ成功します。ただし場合によっては要求を満たすような新しいオブジェクトが作成されることもあります(as演算子はボックス化された値型をボックス化解除されたnull許容型へと変換する場合、新しい型を作成します)。

　例を見てみましょう。任意のオブジェクトをMyType型のインスタンスへと変換するようなコードが必要である場合、次のようなコードになるでしょう。

```
object o = Factory.GetObject();
// バージョン1:
```

```
MyType t = o as MyType;
if (t != null)
{
    // MyType型の変数 t を使った作業
}
else
{
    // 処理の失敗を通知する
}
```

あるいは次のようになるでしょう。

```
object o = Factory.GetObject();
// バージョン2:
try
{
    MyType t;
    t = (MyType)o;
    // MyType型の変数 t を使った作業
}
catch (InvalidCastException)
{
    // 処理の失敗を通知する
}
```

最初のバージョンの方が簡潔かつ読みやすいはずです。こちらの方がtry...catch句も不要なので、オーバーヘッドもコード量も少なくなります。キャストのバージョンの方では、例外のキャッチ以外にもnullチェックが必要であることに注意してください。キャストを使用すると、nullは任意の参照型へとキャストできますが、as演算子の場合はnull参照に対して値nullが返されます。そのため、キャストの場合にはnullの確認と例外のキャッチが必要です。asの場合、返り値がnullかどうかを確認するだけで十分です。

as演算子とキャストの一番の違いは、ユーザー定義の変換の扱いにあります。asおよびisは変換対象となっている実行時の型をチェックしますが、それ以外はボックス化を除き、他の処理を行いません。特定のオブジェクトが指定の型ではないか、指定の型から派生した型でない場合には変換に失敗します。一方、キャストの場合には指定の型への変換演算子を利用できます。この変換には、組み込みの数値変換も含まれます。longからshortへの変換では情報が失われることもあります。

ユーザー定義型にも同じ問題があります。たとえば次のような型があるとします。

```
public class SecondType
{
    private MyType _value;

    // その他は省略
```

```
    // 変換演算子
    // SecondTypeからMyTypeに変換する (項目29参照)
    public static implicit operator
        MyType(SecondType t)
    {
        return t._value;
    }
}
```

そして最初のコードにあったFactory.GetObject()からSecondType型のオブジェクトが返されたとします。

```
object o = Factory.GetObject();

// oはSecondType型:
MyType t = o as MyType; // 失敗。oはMyTypeではない

if (t != null)
{
    // MyType型の変数tを使った作業
}
else
{
    // 処理の失敗を通知
}

// バージョン2:
try
{
    MyType t1;
    t1 = (MyType)o; // 失敗。oはMyTypeではない
    // MyType型の変数t1を使った作業
}
catch (InvalidCastException)
{
    // 処理の失敗を通知
}
```

いずれのバージョンも失敗します。しかしキャスト時にはユーザー定義の変換が行われるということを先ほど説明しました。そのためキャストは成功すると予想されたのではないでしょうか。確かに、もし予想の通りであれば成功するはずです。しかしコンパイラはコンパイル時におけるオブジェクトoの型を基準としてコードを生成するため、変換に失敗します。コンパイラはoの実行時の型を知りません。コンパイラにしてみれば、oはobject型のインスタンスなのです。そしてobjectからMyTypeに変換するユーザー定義の変換演算子はありません。そこで、objectとMyTypeの型をチェックします。ユーザー定義の変換はないので、コンパイラはoの実行時の型がMyTypeかどうかをチェックするコードを生成します。oはSecondTypeなのでこのチェックは失敗します。コンパイラは実行時における実際のoの型が

MyType型のオブジェクトに変換できるかチェックするわけではないのです。
　たとえば以下のようなコードを記述すれば、SecondTypeからMyTypeへの変換が成功するようにできます。

```
object o = Factory.GetObject();

// バージョン3：
SecondType st = o as SecondType;
try
{
    MyType t;
    t = (MyType)st;
    // MyType型の変数tを使った作業
}
catch (InvalidCastException)
{
    // 処理の失敗を通知する
}
```

　しかしこのようなひどいコードを記述してはいけません。事前に適切なチェックを行うことで回避できるのであれば、例外のキャッチをなるべく避けるべきという教訓もあります。このコードには、一般的な問題も現れています。次のようなコードを記述することはないと思いますが、object型の引数を使用して、特定の変換ができることを期待するような関数を作成することもできます。

```
object o = Factory.GetObject();
DoStuffWithObject(o);

private static void DoStuffWithObject(object o)
{
    try
    {
        MyType t;
        t = (MyType)o;  // oはMyType型ではないので失敗する
        // MyType型の変数tを使った作業
    }
    catch (InvalidCastException)
    {
        // 変換の失敗を通知する
    }
}
```

　すでに説明したように、ユーザー定義の変換演算子は、オブジェクトのコンパイル時における型に対してのみ作用します。ランタイム時の型に作用するものではありません。
　したがって、実行時のoの型とMyType型との間における変換演算子の有無は関係ありません。コンパイラにしてみれば、まったく知らないか、面倒を見るかのどちらかです。以下のコー

ドは st の宣言次第で挙動が変わります。

```
t = (MyType)st;
```

以下の式は st の宣言型に関わらず、常に同じ結果となります。そのため、キャストする場合にはなるべく as を使用した方がよいでしょう。as の方が一貫性があります。実際、継承関係にはないものの、ユーザー定義の変換演算子が存在するような型の場合には、次の式はコンパイルエラーとなります。

```
t = st as MyType;
```

なるべく as を使用した方がよい理由を説明したので、次はそれをいつ使用すべきかを説明します。以下のコードはコンパイルできません。

```
object o = Factory.GetValue();
int i = o as int; // コンパイルできない
```

これは int が値型であり、null にならないからです。もしも o の値が整数ではなかった場合、int 型の変数 i にはどのような値が格納されるべきなのでしょう。どのような値であったとしても、それは整数であるべきです。したがって、この方法では as は使用できません。となると、例外を投げるキャスト演算をするしかないのではと思うかもしれません。そうではなく、null 許容型へと変換するように as 演算子を使用して、その後に返り値が null かどうかをチェックすればよいのです。

```
object o = Factory.GetValue();
var i = o as int?;
if (i != null)
    Console.WriteLine(i.Value);
```

このテクニックは as 演算子の左辺が値型、あるいは任意の null 許容型であれば常に有効です。

以上で is と as、キャストの違いを説明しましたが、foreach ループでは果たしてどの演算子が使用されるのでしょうか? foreach では非ジェネリック版の IEnumerable シーケンスを処理することが可能で、その場合にはループ時に特定の型となるよう強制できます（ただし可能な限りタイプセーフなジェネリック版を使用すべきです。非ジェネリック版は歴史的な経緯、および一部の遅延バインディングをサポートするためにのみ残されているものです）。

```
public void UseCollection(IEnumerable theCollection)
{
    foreach (MyType t in theCollection)
        t.DoStuff();
}
```

# 第 1 章　C#言語イディオム

```
}
```

　foreachステートメントでは、キャスト演算子を使用することによって、オブジェクトがループ中で使用する型へと変換されます。foreachステートメントによって生成されるコードは、大まかに言えば以下のようにハードコードした場合と同じものです。

```
public void UseCollectionV2(IEnumerable theCollection)
{
    IEnumerator it = theCollection.GetEnumerator();
    while (it.MoveNext())
    {
        MyType t = (MyType)it.Current;
        t.DoStuff();
    }
}
```

　foreachステートメントは値型と参照型の両方をサポートする必要があるため、キャストを使用します。キャスト演算を選択することによって、対象となる型によらずに同じ挙動を取ることができます。一方、キャストが使用されているために、foreachループではInvalidCastException例外がスローされる可能性があります。

　IEnumerator.CurrentはSystem.Object型であり、System.Objectは変換演算子を持たないため、ここでの型チェックに影響する変換は存在しません。すでに説明したように、SecondType型からの変換はエラーになるため、UseCollection()関数の引数にSecondType型のコレクションを指定することはできません。（キャストを使用する）foreachステートメントでは、コレクション内にあるオブジェクトに対して、実行時における型に対する変換を処理しません。単に（IEnumerable.Currentの返り値の型である）System.Object型と、ループ変数に対して宣言された型（今回の場合はMyType）で利用可能な変換を処理するだけです。

　最後に、特定の型が別の型に変換できるかどうかではなく、オブジェクトの厳密な型を知りたい場合への対処方法を説明します。is演算子は「hachi is Animalはhachiが（Animalから派生した）Dogであればtrueを返す」というポリモーフィズムの規則に従っています。GetType()メソッドは、オブジェクトの実行時における型を返します。この値を使用することにより、isやasステートメントよりも厳密なチェックを行うことができます。GetType()の返り値はオブジェクトの型であり、特定の型と比較することが可能です。

　以下の関数をもう一度見てみましょう。

```
public void UseCollectionV3(IEnumerable theCollection)
{
    foreach (MyType t in theCollection)
        t.DoStuff();
}
```

MyTypeから派生したNewTypeクラスを作成したとすると、NewTypeオブジェクトのコレクションはUseCollection()関数でも正しく扱うことができます。

```
public class NewType : MyType
{
    // メンバについては省略
}
```

　MyTypeから派生した任意のオブジェクトであれば動作するというつもりでこの関数を作成したのであれば、この挙動はまったく問題ではありません。しかしMyType型だけに限定して動作するというつもりで作成したのであれば、型を厳密に比較する必要があります。今回の場合には、foreachのループ内でチェックすることになるでしょう。実行時の型が重要となる場面として最も一般的なものは、同値性のテストを行う場合です。それ以外の比較の場合、asやisによる.isinst命令での比較が意味論的に正しいでしょう。

　.NETのBase Class Library（BCL：ベースクラスライブラリ）には、Enumerable.Cast<T>()という、同様の変換処理を一連の要素に適用させるものがあります。このメソッドは古典的なIEnumerableインターフェイスをサポートするシーケンス内にある各要素を変換します。

```
IEnumerable collection = new List<int>()
    { 1,2,3,4,5,6,7,8,9,10};

var small = from int item in collection
            where item < 5
            select item;

var small2 = collection.Cast<int>().Where(item => item < 5) .Select(n => n);
```

　ここにあるクエリは、最終行のコードと同じメソッド呼び出しとなります。いずれの場合でも、Cast<T>メソッドがシーケンス内の各要素を対象の型へと変換します。Enumerable.Cast<T>はas演算子ではなく、古いスタイルのキャストを実行します。古いスタイルとはつまり、Cast<T>はクラス制約を必要としないということです。as演算子には制限があるため、BCLの開発チームは別バージョンのCast<T>を複数実装するのではなく、古いスタイルのキャストを使用するようなCast<T>を1つだけ開発する方法を選択しました。これは読者自身のコードにもあり得るトレードオフです。ジェネリック型引数で指定された型を持つオブジェクトを変換する場合、クラス制約が必須であるのか、あるいはキャスト演算子によって異なる挙動をとっても問題がないのか、どちらが重要かを見極める必要があります。

　また、ジェネリック型に対するキャストでは変換演算子が使用されない点に注意してください。つまり整数型のシーケンスに対するCast<double>()は失敗します。C# 4.0以降においては、動的型や実行時型チェックなどを使用することにより、この問題を回避できるように

なっています。特定の型であることや、特定のインターフェイスを実装していることを前提とするのではなく、期待される既知の挙動を元にしてオブジェクトを扱うための方法が多数用意されています。

オブジェクト指向を実践する上での推奨事項としては、型の変換を避けるべきだと言われていますが、時としてそれが避けられないこともあります。どうしても変換せざるを得ない場合、言語に用意された is あるいは as 演算子を使用して、意図を明確にするとよいでしょう。型を強制するためのさまざまな方法には、それぞれ異なる規則があります。is と as はたいていの場合において意味論的に正しく、オブジェクトが正しい型の場合にのみ正しい結果が得られます。キャスト演算よりもこれらの演算子を使用すべきです。キャスト演算の場合、予想もしない副作用が起こったり、思いがけないタイミングで成功あるいは失敗することがあります。

## 項目4　string.Format() を補間文字列に置き換える

　開発者がプログラムを作成する際、コンピュータに保存された情報を人が読める形式に変換するという作業がつきまといます。C#においても、数十年前にC言語に導入されたものと同じAPIを使用してこの作業ができます。これらのテクニックを発展させて、C# 6.0から新しく導入された文字列補間（string interpolation）の機能を活用しましょう。

　C# 6.0から導入された新しい文法は、古典的な文字列フォーマットよりもいくつかの点で優れています。1つはよりコードの可読性が上がります。また、コンパイラがより厳密な型チェックを実行するようになり、ミスをする可能性を減らすことができます。さらに、文字列を生成する式において、多機能な文法が利用できます。

　String.Format() は有能ですが、生成される文字列が評価、検証されるまではその内容がわからないためミスを起こしやすいという弱点があります。置換される値の個数は、書式文字列内に記載された番号によって決まります。コンパイラは書式文字列中に記述されて置換される引数の数と、実際に指定された引数の数が一致するかどうかを検証しません。もし一致しない場合にはコードを実行した時点で例外がスローされることになります。

　さらに面倒なことに、引数の番号表記と、params配列に指定した引数の順序が正しく一致しているかどうかが一見しただけではわからないという問題もあります。挙動が正しいかどうか確認するには、コードを実行してみて、生成された文字列の内容が正しいかどうかを注意深くチェックしなければいけません。

　もちろん、いずれもしようと思えばできることですが、時間もかかります。それであれば、言語機能を利用することで、正しいコードを手短に記述できるようにした方がよいでしょう。これがまさに新しく追加された、補間文字列（interpolated string）の機能なのです。

　補間文字列は文字列の前に$記号を置きます。そして{}の中に引数の位置インデックスではなく、任意のC#式を記述します。これにより可読性が大幅に向上します。書式文字列において、置換される式が簡単に把握できます。結果の確認も簡単です。さらに、置き換えられる

式は独立した配列ではなく、書式文字列中に記述されるため、引数のインデックスを間違えることもありません。文字列中で間違った位置に間違った値が現れることもなくなります。

　これをただの糖衣構文と見るならば、ないよりはましという程度かもしれません。しかし一般的なプログラミングの作法が言語機能として統合されているという見方をすれば、文字列補間の機能がいかに強力なものかがわかるでしょう。

　まず、文字列を置き換える式で使用できる文法と制限について確認します。

　文字列を置き換える「式」という言い方をしたことに注意してください。文字列を置き換える式としては、(if...elseやwhileなどの) フロー制御ステートメントは使用できません。フロー制御が必要である場合、それをメソッドの中に置き、文字列を置き換える式でそのメソッドを呼び出すようにします。

　文字列補間はstring.Format()と同様、実際の実行時にはライブラリで実装されたコードが実行されます (国際化の対応方法については項目5を参照)。このコード中には、必要に応じて変数を文字列へ変換する処理も含まれます。たとえば以下の補間文字列があるとします。

```
Console.WriteLine($"円周率の値は{Math.PI}");
```

　この文字列補間に対して生成されるコードでは、可変数個のオブジェクトの配列を引数に取るフォーマット用メソッドが呼び出されます。Math.PIの値はdouble型で、これは値型です。double型をObject型と強制するため、ボックス化が起こります。このコードが繰り返し呼ばれたり、ループ内に記述されたりした場合、パフォーマンスに重大な影響を与えることになります (項目9参照)。したがって、引数を文字列へと変換するコードとして記述すべきです。そうすれば、任意の値型をボックス化させずに済ませられます。

```
Console.WriteLine($"円周率の値は{Math.PI.ToString()}");
```

　ToString()の返り値は開発者が期待するものとは異なる場合があるため、必要に応じて追加の作業をすることになるでしょう。しかしそれも簡単です。単に期待するような出力が得られるよう、式を修正するだけです。

```
Console.WriteLine($"円周率の値は{Math.PI.ToString("F2")}");
```

　文字列を生成する部分には、他の文字列処理や、式から返されたオブジェクトの書式を指定するようなコードを記述できます。まずは単純な例として、標準書式文字列を適用する場合から説明します。これは、組み込みの書式指定文字列を使用して、出力される文字列を作成する方法です。{}の中に「:」と書式文字列を記述します。

```
Console.WriteLine($"円周率の値は{Math.PI:F2}");
```

19

鋭い皆さんは、：が条件式の一部としても使われることにお気づきでしょう。ここでは若干衝突が起こります。C#コンパイラは「：」を見つけると、それが書式指定文字列の開始地点だと判断するのです。したがって、次のコードはコンパイルできません。

```
Console.WriteLine(
    $"円周率の値は{round ? Math.PI.ToString() :
    Math.PI.ToString("F2")}");
```

このコードをコンパイルできるようにする方法は簡単です。書式指定文字列ではなく、条件式を記述しているということをコンパイラに信じ込ませればいいのです。そのためには波括弧内のコードを括弧で囲みます。これで期待通りの動作になります。

```
Console.WriteLine($@"円周率の値は {(round ?
    Math.PI.ToString() : Math.PI.ToString("F2"))}");
```

文字列補間の機能が言語に組み込まれることにより、さまざまな恩恵が得られます。文字列補間の中に記述される式は、C#として正しい式です。変数や条件式についてはすでに説明しました。しかしこれはまだほんの一部です。null合体演算子やnull条件演算子を使用して、値がない場合を簡潔に処理することもできます。

```
Console.WriteLine($"顧客名は{c?.Name ?? "名前が見つかりません"}");
```

もちろん、補間式の中で文字列をネストさせることもできます。「{」と「}」の間に記述された文字列はC#コードとして解析されます（ただし「：」については書式指定文字列の始点として認識されるという例外があります）。

ここまでは簡単な話ですが、詳細を知ろうとすると途端にウサギの巣穴へと転がり込むような旅を始めることになります。補間文字列の引数となる式には、それ自体に補間文字列を入れることができます。形式は限定されますが、これは非常に便利な機能です。たとえばあるレコード（記録）に関して、それが存在する場合にはレコードに関する情報を、存在しない場合にはインデックスを表示させたいとします。

```
string result = default(string);
Console.WriteLine($@"レコードは{(records.TryGetValue(index,outresult) ? result :
    $"インデックス{index} のレコードはありません")}");
```

レコードが存在しない場合、条件文のfalse句において、見つからなかったレコードのインデックス番号を表すメッセージをさらに別の補間文字列で記述しています。

補間文字列中では、LINQクエリ（「第4章　LINQを活用する」を参照）を記述して値を得ることもできます。補間文字列を使用することにより、クエリの出力結果自体をフォーマットす

ることもできます。

```
var output = $@"最初の5項目は:{src.Take(5).Select(
    n => $@"項目: {n.ToString()}").Aggregate(
    (c, a) => $@"{c}{Environment.NewLine}{a}")}";
```

　このコードは、製品用コードとしてはまったく適していないものでしょう。とはいえ、補間文字列が言語機能として統合されているようすを確認するには十分です。この機能はASP.NET MVCのRazorビューエンジンとも統合されています。そのため、Webアプリケーションが出力するHTMLをより手軽に生成できます。デフォルトのMVCアプリケーションを参考に、Razorビューにおいて文字列補間が機能するようすを紹介しましょう。たとえばログイン中のユーザー情報を表示するコントロールは以下のようになっています。

```
<a asp-area="" asp-controller="Manage" asp-action="Index"
    title="Manage">Hello @UserManager.GetUserName(User)!</a>
```

　このテクニックは、アプリケーションを構成するすべてのHTMLファイルで通用します。このように、期待する出力をそのまま反映した状態でコードを簡単に記述できます。
　以上の例では文字列補間機能がいかに強力なものであるかを紹介しました。この機能は、従来の文字列フォーマットよりも遙かに手軽です。ただし文字列補間の結果は文字列であることに注意してください。すべての値は文字列として置き換えられ、最終的には単一の文字列となります。SQLコマンド用の文字列を作成する場合には特に注意が必要です。文字列補間はパラメータ化されたSQLクエリを作成しません。単に、すべての値を含んだ1つの文字列オブジェクトになるだけです。したがって、文字列補間を利用してSQLクエリを作成することは非常に危険です。実際、コンピュータによって読み取られることが想定されたデータを表す文字列を文字列補間により生成する場合、それによって発生し得るリスクには極めて慎重に対応する必要があります。
　コンピュータが情報を保持するために使用する内部表現を、人が読めるように文字列へと変換する作業はプログラミングの分野においてかなり長い間行われてきていることです。他の現代的な言語でもそうですが、これまでの方法はいずれも、何十年も前にC言語に導入された方法を踏襲した形でしかありませんでした。この方法には潜在的な問題が多々あります。しかし新しい文字列補間機能であれば、簡単に正しく使いこなすことができます。この機能は従来の方法よりも強力なので、最新の開発現場で一般的になっているテクニックを簡単に応用できます。

## 項目5　カルチャ固有の文字列よりもFormattableStringを使用すること

　項目4では、C#の新機能である文字列補間の機能を紹介しました。この機能を使用することにより、特定の書式情報を備えた変数を含むような文字列情報を簡単に組み立てることができます。しかし作成中のアプリケーションにおいて、さまざまなカルチャや言語をサポートする必要がある場合、もう少しこの機能の詳細を把握しておく必要があります。

　言語デザインチームはこの問題を重要視しました。目標としては、任意のカルチャに対する文字列を生成できるようなシステムを作成すること、一方で常に単一のカルチャに対する文字列しか生成しない場合であっても簡単にコードを記述できることの2点でした。これらのバランスを取るということはすなわち、カルチャに深く踏み込み、文字列補間においてカルチャがどのような役割を果たすかを理解するという別の複雑さが生まれるということです。

　これまで紹介した例からすると、文字列を$で始めれば文字列補間になるという認識だと思います。ほとんどの場合はそれで正しく機能します。実際、補間文字列リテラルは暗黙的に単一の文字列あるいは書式可能文字列のいずれかに変換されます。

　たとえば次のコードでは文字列補間を使用して文字列を作成しています。

```
string first =
$"今日は {DateTime.Now.Month} 月 {DateTime.Now.Day} 日です";
```

　次のコードでは、文字列補間を使用して、`FormattableString`から派生したオブジェクトを作成しています。

```
FormattableString second =
$"今日は {DateTime.Now.Month} 月 {DateTime.Now.Day} 日です";
```

　次のコードでは、ローカル変数の暗黙的な型指定を使用しているため、`third`が文字列で、そのためのコードが生成されることが予想できます。

```
var third =
$"今日は {DateTime.Now.Month} 月 {DateTime.Now.Day} 日です";
```

　コンパイラは指定された出力のコンパイル時における型に応じて異なるコードを生成します。文字列を生成するコードでは、コードが実行されるマシンに設定されているカルチャに基づいて文字列がフォーマットされます。たとえば米国でコードを実行した場合、`double`の値に対する小数点は「.」が使用されますが、ヨーロッパの場合、「,」が使用されます。

　任意のカルチャに対する文字列をフォーマットする際、コンパイラの機能を利用することによって、補間文字列を文字列と`FormattableString`のいずれとしても生成できます。たとえ

ば次のような、特定の言語およびカルチャを使用して、FormattableStringを文字列に変換するような2つのメソッドがあるとします。

```
public static string ToGerman(FormattableString src)
{
    return string.Format(null,
        System.Globalization.CultureInfo.
            CreateSpecificCulture("de-de"),
            src.Format,
            src.GetArguments());
}

public static string ToFrenchCanada(FormattableString src)
{
    return string.Format(null,
        System.Globalization.CultureInfo.
            CreateSpecificCulture("fr-CA"),
            src.Format,
            src.GetArguments());
}
```

これらはいずれも1つのFormattableStringを入力とします。FormattableStringを渡してこれらのメソッドを呼び出すと、特定のカルチャでFormattableStringを文字列に変換します（ドイツのカルチャおよびドイツ語、またはカナダのカルチャおよびフランス語）。また、これらのメソッドは引数に文字列補間を直接指定して呼び出すこともできます。

まず引数を1つ取るという、よく似たこれらのメソッドがオーバーロードになっていない点に注意してください。もし文字列とFormattableStringの両方を受け付けられるようなオーバーロードがあったとすると、コンパイラは文字列を作成するようなコードを生成し、文字列引数バージョンのメソッドを呼び出すことでしょう。

また、これらのメソッドを拡張メソッドとしていない点にも注意してください。

これは、結果が「.」演算子の左側になる場合、コンパイラは文字列とFormattableStringのいずれかを生成すべきか判断するロジックとして、FormattableStringではなく、文字列を生成するよう選択するためです。文字列補間の目標の1つとして、既存の文字列クラスと簡単に組み合わせられることという条件がありました。しかし開発チームは、この目標を達成しつつもグローバル化をサポートしようと考えたのです。こういった状況であっても、ほんのわずかな作業を追加で実施するだけで、いずれにも簡単に対応できるようになっています。

文字列補間の機能には、国際化や特定のローカライゼーションに必要なものがすべて揃えられています。何より、現在のカルチャに対する文字列を生成する際にかかる手間をすべて省くことができます。特定のカルチャが必要である場合、文字列補間を明示的にFormattableStringとして作成してから、特定のカルチャを使用して文字列に変換するだけで済みます。

## 項目6　文字列指定のAPIを使用しないこと

　プログラムが分散型になるにつれて、数多くのデータを異なるシステム間でやりとりしなければいけなくなります。データを処理するためには、名前や文字列識別子に依存するようなライブラリを使用することも多々あります。異なるプラットフォームおよび異なる言語間でデータをやりとりする場合、この方法は実に手軽です。しかしこの手軽さには代償も伴います。文字列ベースのAPIやライブラリでは、型の安全性が損なわれるのです。ツールによるサポートもなくなります。静的型付け言語における多数の利点も失うことになります。

　C#の言語デザインチームはこの問題を認識していたため、C# 6.0からはnameof()式が利用できるようになりました。この手軽で短いキーワードを使用すると、シンボルがその名前で置き換えられます。INotifyPropertyChangedインターフェイスを実装する場合が一番わかりやすい例でしょう。

```csharp
public string Name
{
    get { return name;}
    set
    {
        if (value != name)
        {
            name = value;
            PropertyChanged?.Invoke(this,
                new PropertyChangedEventArgs(nameof(Name)));
        }
    }
}
private string name;
```

　nameof演算子を使用すると、プロパティの名前を変更した場合、イベントの引数に指定された文字列にも変更が反映されます。これがnameof()の基本的な用法です。

　nameof演算子はシンボル名として評価されます。この演算子は型や変数、インターフェイス、名前空間に対して機能します。また、修飾されていない名前と、完全修飾名のいずれであっても機能します。ジェネリック型定義に対しては制約があり、すべての型パラメータが指定されている、クローズジェネリック型に対してのみ機能します。

　nameof演算子は上記すべてに対して機能しつつ、いずれに対しても一貫した挙動となっていなければいけません。nameof演算子によって返される文字列は常にローカル名です。これにより、一貫性が保たれています。変数が完全修飾名で（たとえばSystem.Int.MaxValueとして）宣言されていた場合でも、ローカル名（MaxValue）が返されるのです。

　多くの開発者はこういった基本的な用法に遭遇したことや、ローカル変数名を必要とするような一部のAPIに対して正しくnameofを使用したことがあることでしょう。しかしこれまでの習慣であったり、使用できる場所だと認識していないがために、nameof演算子を使用する

機会を失っていたりすることも多くあります。

多くの例外型は、コンストラクタ引数の1つとして、引数の名前を取ります。

ここでハードコードされた文字列をnameof演算子に置き換えることによって、名前の変更操作をした場合でも整合性が維持されるようにできます。

```
public static void ExceptionMessage(object thisCantBeNull)
{
    if (thisCantBeNull == null)
        throw new
            ArgumentNullException(nameof(thisCantBeNull),
            "値をnullにできません");
}
```

また静的解析ツールには、Exceptionのコンストラクタにおける引数の名前の位置を確認するものがあります。これはいずれの引数も文字列型なので、簡単に間違いやすいからです。

nameof演算子は属性の引数に（名前付き引数または名前無しの引数として）文字列を指定する場合でも使用できます。これはたとえばMVCアプリケーションやWeb APIアプリケーションのルートを定義するような場合に使用できます。これはまさに、名前空間をルートの名前とするような場合にうってつけです。

これらの場所でnameof演算子を使用する利点は、シンボル名の変更が変数名にも正しく反映されるという点です。静的解析ツールを使用すれば、引数の名前が間違った位置で使用されている場合に、間違いや不整合を検出できます。これらのツールはエディタやIDEに統合されて動作するものや、継続的インテグレーションツール、リファクタリングツールなどと共にビルド時に動作するものなどがあります。シンボル的な情報をできるだけ使用することにより、これらの自動化ツールによって、間違いを最大限見つけ出すことができるようになります。これらのツールで見つけられないようなミスも若干残されますが、それらについては自動テストや、人力作業で見つけられるでしょう。ツールを頼ることにより、開発者の皆さんはもっと本質的な問題に多くの時間を割くことができるようになります。

## 項目7　デリゲートを使用してコールバックを表現する

　　　私　　「スコット、庭の草刈りに行きなさい。私はもう少し本を読んでいるから」
　スコット　「お父さん、庭の片付け終わったよ」
　スコット　「お父さん、草刈り機にガソリン入れたよ」
　スコット　「お父さん、草刈り機が動かないよ」
　　　私　　「わかった。私が起動させよう」
　スコット　「お父さん、草刈り終わったよ」

この日常的なやりとりの中にコールバックの一例が現れています。私は息子に対してタスクを与えた後、息子は（繰り返し）進捗を報告してくれています。一方私は、息子に与えられたタスクそれぞれが完了することを待つことなく、自分の作業を続けています。そして（たいていの場合は、そう大したことではありませんが）もし彼が深刻な事態に陥るか、私の手助けがどうしても必要になったのであれば、私の手を止めさせることもできます。コールバックは、クライアントがサーバーからの応答を非同期的に待機するような場合に使用します。コールバックはマルチスレッドを起動するものであったり、あるいは単に同期的に更新をするためのエントリーポイントになっているだけの場合もあります。いずれにしても、C#ではデリゲートという言語機能を使用してコールバックを実現できます。

デリゲートはタイプセーフなコールバックを定義できるものです。デリゲートは主にイベントと組み合わせて使用しますが、この言語機能を利用できる場面はそれだけではありません。特定のクラス間でデータをやりとりする必要があるものの、互いのインターフェイスを使用するほどには密に連携させたくはない場合、デリゲートは最善の選択肢だと言えます。デリゲートは通知の対象となる情報を実行時に決定し、それを複数のクライアントに対して通知できます。デリゲートとは、メソッドへの参照を持ったオブジェクトです。また、デリゲートは static メソッドとインスタンスメソッドのいずれも対象にできます。デリゲートを使用することにより、1つ以上のクライアントオブジェクトを実行時に構成しつつ、コミュニケーションできるようになります。

コールバックとデリゲートは頻繁に使用されるイディオムなので、C#の構文においてはデリゲートをラムダ式として表現できるようになっています。それだけではなく、.NET Framework ライブラリには Predicate<T> や Action<>、Func<> で代用できるようなデリゲートも多数定義されています。Predicate<T> はブール値を返す関数で、条件をテストするためのものです。Func<> は複数の引数を受け取り、単一の結果を返すものです。お気づきの通り、Func<T, bool> は Predicate<T> と機能的に同じものです。ただし C# コンパイラは Predicate<T> と Func<T, bool> を同じものと認識しません。一般的に、引数と返り値の型が同じであっても、異なるデリゲート型であればそれらは異なる型です。コンパイラはそれぞれを暗黙的に変換したりはしません。最後に、Action<> は複数の引数を受け取り、結果の型が void である関数を表すものです。

LINQ はこれらのコンセプトを元に作られました。たとえば List<T> クラスにもコールバックを受け付けるような多数のメソッドが定義されています。以下のコードを参照してください。

```
List<int> numbers = Enumerable.Range(1, 200).ToList();

var oddNumbers = numbers.Find(n => n % 2 == 1);
var test = numbers.TrueForAll(n => n < 50);

numbers.RemoveAll(n => n % 2 == 0);
```

```
numbers.ForEach(item => Console.WriteLine(item));
```

　Find()メソッドはPredicate<int>形式のデリゲートを受け取り、リスト中の各要素をテストします。これは単純なコールバックです。Find()メソッドは受け取ったコールバックを使用して各要素をテストし、述語（Predicate）として記述されたテスト用コードをパスしたものだけを結果として返します。コンパイラはラムダ式をデリゲートへと変換し、このデリゲートがコールバックを表すものになっています。

　TrueForAll()も同様に、各要素をテストして、すべての要素が条件を満たしているかどうかをチェックします。RemoveAll()では述語がtrueを返すようなすべての要素がリストから削除されます。

　最後に、List.ForEach()メソッドではリスト中のすべての要素に対して特定のアクションを実行しています。先の例と同様、コンパイラはラムダ式をメソッドに変換し、そのメソッドを参照するようなデリゲートを作成します。

　このコンセプトの具体例は.NET Frameworkの中のあちこちで見つけることができます。すべてのLINQはいずれもデリゲートが基本になっています。また、Windows Presentation Foundation（WPF）やWindowsフォームでは、スレッド間マーシャリングを処理するためにコールバックが使用されています。.NET Frameworkにおいて単一のメソッドが必要となる場面では、呼び出し元がラムダ式を使用できるように、デリゲートが使われます。独自のAPIにおいても、コールバック処理が必要になる場合には同様にしてデリゲートを使用すべきでしょう。

　歴史的な経緯により、すべてのデリゲートはマルチキャストです。マルチキャストデリゲートでは、デリゲートに追加されたすべてのメソッドが1回の呼び出しに集約されます。ここで注意点が2つあります。1つは例外に対して安全ではないこと、もう1つはマルチキャストデリゲートの返り値は最後に実行されたメソッドの返り値になるということです。

　マルチキャストデリゲートが呼び出されると、その内部ではメソッドの実行が成功し続ける限り各メソッドが連続して呼び出されます。ただしデリゲートはどのような例外もキャッチしません。そのため、実行中のメソッドが例外をスローした場合、その時点でデリゲートの呼び出しが終了します。

　デリゲートの返り値についても同じ問題があります。返り値の型がvoidではないデリゲートを定義することもできますが、たとえばユーザーが途中で処理を停止したかどうかをチェックするコールバックを次のように作成したとします。

```
public void LengthyOperation(Func<bool> pred)
{
    foreach (ComplicatedClass cl in container)
    {
        cl.DoLengthyOperation();
        // ユーザーが中断したかどうかチェック:
        if (false == pred())
```

# 第1章　C#言語イディオム

```
        return;
    }
}
```

このコードはデリゲートに登録されたメソッドが1つの場合には正しく動作します。ところがメソッドを複数登録して、マルチキャストデリゲートとなると思ったようには動作しません。

```
Func<bool> cp = () => CheckWithUser();
cp += () => CheckWithSystem();
c.LengthyOperation(cp);
```

デリゲートの呼び出しによって返される値は、マルチキャストチェインの一番最後に登録されたメソッドの返り値になります。その他のメソッドから返される値は単に無視されます。すなわち CheckWithUser() の返り値は検討されません。

しかしこれらの2つの問題は、デリゲートに登録された各メソッドを明示的に呼び出すコードを用意することで解決できます。それぞれのデリゲートには、登録されたメソッドのリストが保持されているため、このリストを走査して各メソッドを呼び出すことができます。

```
public void LengthyOperation2(Func<bool> pred)
{
    bool bContinue = true;
    foreach (ComplicatedClass cl in container)
    {
        cl.DoLengthyOperation();
        foreach (Func<bool> pr in pred.GetInvocationList())
            bContinue &= pr();

        if (!bContinue)
            return;
    }
}
```

このコードでは、各デリゲートメソッドの返り値がtrueである限り、メソッドの呼び出しを続けるようにしています。

デリゲートは実行時コールバックを実装する場合に最適な機能であり、クライアント側で必要となる条件も比較的単純なもので済みます。デリゲートの対象は実行時に決定できます。また、複数のクライアントを対象としたデリゲートを用意することもできます。.NETにおいてクライアントへのコールバックを実装する場合、デリゲートを使わない手はありません。

## 項目8　イベントの呼び出し時にnull条件演算子を使用すること

　イベントは、一見すると単純な作業で起動できるように見えます。まず必要に応じてイベントを定義し、このイベントにアタッチされたイベントハンドラを呼び出すだけです。そうすると、後ろに隠されたマルチキャストデリゲートオブジェクトによって、登録されたすべてのハンドラが成功する限り呼び出されることになります。実際のところ、イベントの呼び出し時には緻密な作法が必要となるような落とし穴が多数あります。イベントにハンドラがまったく登録されていなかった場合はどうしましょう。アタッチされたイベントハンドラのコードと、そこから呼び出されるコードとの間でレースコンディション（競合状態）が起こる場合もあります。C# 6.0から導入されたnull条件演算子を使用すると、これらに対応したコードを簡潔に記述できるようになります。既存のコードに対しては、この新しい文法を使用するようになるべく早く更新すべきでしょう。

　まずは古い文法のコードを確認して、イベントを安全に呼び出すために必要なことを確認しましょう。イベントを呼び出す一番単純なコードは以下のようになります。

```csharp
public class EventSource
{
    private EventHandler<int> Updated;

    public void RaiseUpdates()
    {
        counter++;
        Updated(this, counter);
    }

    private int counter;
}
```

　このコードには明らかに問題があります。Updateイベントにアタッチされたイベントハンドラがない状態でこのオブジェクトが実行されると、NullReferenceException例外がスローされます。C#において、イベントにハンドラがまったく追加されていない場合、そのイベントの値はnullです。

　したがってイベントの呼び出しコードは、イベントハンドラがnullかどうかをチェックするコードで囲う必要があります。

```csharp
public void RaiseUpdates()
{
    counter++;
    if (Updated != null)
        Updated(this, counter);
}
```

第1章　C#言語イディオム

このコードはほぼすべてのインスタンスに対して正しく機能しますが、潜在的なバグもあります。

イベントハンドラがnullかどうかをチェックする行が実行され、結果、nullではなかったとします。そしてこのチェックとイベントの呼び出しとの間のタイミングで別のスレッドが実行され、登録されていた唯一のイベントハンドラが登録解除されたとします。続けて、最初のスレッドが実行されてイベントハンドラを呼び出そうとすると、このハンドラはnullになっているので、やはりNullReferenceException例外がスローされることになります。しかしこれはかなりまれなケースなので、簡単には問題を再現できません。

このバグは見つけづらい上に修正しづらいものです。コードは見たところ問題ないように見えます。エラーを確認するには、エラー時と厳密に一致する順序でスレッドが呼び出されるようにしなければいけません。熟練のプログラマであれば、過去の教訓からこのコードが危険であることを認識していて、以下のようなコードに書き換えることでしょう。

```csharp
public void RaiseUpdates()
{
    counter++;
    var handler = Updated;
    if (handler != null)
        handler(this, counter);
}
```

.NETやC#でイベントを発生させる場合はこの形式のコードが推奨されています。実際このコードは動作するもので、スレッドセーフです。しかし可読性という点では問題があります。以前のコードから何が変更されたためにスレッドセーフになったのか、一見してもわかりません。

ではなぜこのコードが動作し、スレッドセーフなのかを見ていきましょう。

まず、現在のイベントハンドラを新しいローカル変数に割り当てています。このローカル変数には、メンバ変数であるイベント（Updated）から参照されているすべての元のハンドラを参照するようなマルチキャストデリゲートが格納されます。

イベント割り当て演算子では、右辺の浅いコピーが左辺に割り当てられます。この浅いコピーには、アタッチされたイベントハンドラそれぞれに対する参照のコピーが含まれます。ハンドラがアタッチされていないイベントフィールドの場合、右辺はnullになるので、左辺もnullになります。

別のスレッドでイベントからハンドラが登録解除されると、登録解除コードではクラスに定義されたイベントフィールドが変更されますが、ローカル変数からはそのハンドラが削除されません。ローカル変数では依然としてコピー時点でのイベントハンドラが登録された状態になっています。

したがって、nullをチェックするこのコードが実行される際には、イベントのコピーが作成された時点で登録されているハンドラのスナップショットがチェックの対象になります。そし

てイベントが条件に従って呼び出されたとすると、コピーの時点で登録済みとなっているすべてのイベントハンドラが呼び出されます。

このコードは確かに機能しますが、.NETの初心者にとってみれば簡単に理解できるものではありません。また、イベントを発生させる場合に毎回同じようなコードが必要です。その代わりに、このイディオムを備えてイベントを発生させるような、privateメソッドを作ることもできるでしょう。

しかしこれではイベント呼び出しという簡単に使用できて当たり前のものが、かなりの量のコードと前提知識が必要になってしまいます。

null条件演算子を使用すると、これまでのコードをかなり単純化できます。

```
public void RaiseUpdates()
{
    counter++;
    Updated?.Invoke(this, counter);
}
```

このコードではnull条件演算子（"?."）を使用して、安全にイベントハンドラを呼び出しています。"?."演算子は演算子の左辺を評価します。もし左辺がnullでなければ、右辺の式が実行されます。左辺がnullの場合は短絡評価となり、次の文が実行されます。

これは意味論的には先ほどのif文と似たものです。唯一の違いとしては、"?."演算子の左辺が厳密に一度しか評価されないという点です。

C#言語では"?."演算子の直後に括弧を続けることができないため、Invokeメソッドを呼び出すようにする必要があります。コンパイラはすべてのデリゲートあるいはイベントの定義に対して、タイプセーフInvoke()メソッドを生成します。これはつまり、Invoke()メソッドは先の例で直接イベントを呼び出していた場合とまったく同じコードになっているという意味です。

このコードはスレッドセーフです。また、非常に簡潔です。コード1行で済ませられるため、クラスの設計にそぐわないようなヘルパメソッドを作る気も起こりません。1つのイベントを発生させるための1行のコード。これこそがまさに求めていたものです。

古い習慣を変えることはなかなか大変ですが、長年.NETに携わった方であれば、新しい習慣を身に付ける必要があるでしょう。また、以前の作法に従ったコードも手元にあることでしょう。新しい習慣の構築は所属する開発チームとしても難しい課題になるかもしれません。10年以上にわたって、以前の作法を推奨するコードがWeb上に公開されています。イベントの発生時にNullReferenceExceptionに遭遇した開発者が情報を求めると、以前の作法を紹介するようなリソースが多数見つかることでしょう。

しかしここで紹介した方法はコードの単純性や可読性において勝るものです。いついかなる場合でもこちらの方法を採用すべきです。

## 項目9　ボックス化およびボックス化解除を最小限に抑える

　値型はデータを保持するコンテナであり、多態性を持たない型です。一方で、.NET FrameworkはSystem.Objectという、すべてのオブジェクトの親である参照型を定義しています。これらの目的は相反しています。そこで、.NET Frameworkではこれら2つのギャップを埋めるために、ボックス化（boxing）とボックス化解除（unboxing）という機能が用意されています。ボックス化とは、値型を不定な参照型オブジェクトのメンバとすることによって、参照型であることが必要な場面においても値型を使用できるようにする仕組みです。ボックス化解除とは、ボックス化された値型のコピーを取り出すことです。ボックス化とボックス化解除は、System.Objectやインターフェイス型が期待される場面において値型を使用する場合に必要となります。しかしこれらは常にパフォーマンスを落とす操作であることに注意が必要です。ボックス化とボックス化解除はオブジェクトの一時的なコピーを生成するため、場合によってはプログラムに潜在的なバグを引き起こします。そのため、可能な限りボックス化とボックス化解除が発生しないよう注意するべきです。

　ボックス化は値型を参照型に変換します。新しい参照型、すなわちボックスはヒープ上に確保されて、参照型のオブジェクトの内部に値型のコピーが格納されます。図1-1ではオブジェクトがボックス化されているようすと、ボックス化されたオブジェクトが参照されるようすを表しています。ボックスの内部には値型オブジェクトのコピーが格納されると同時に、ボックス化された値型が実装していたインターフェイスがボックスオブジェクトにも複製されます。ボックスに格納された値型を参照する場合、格納された値型のコピーが作成されて返されます。この挙動はボックス化とボックス化解除における重要なポイントです。ボックス中には値のコピーが格納されて、ボックスの中身にアクセスする際には毎回コピーされた新しい値が返されるのです。

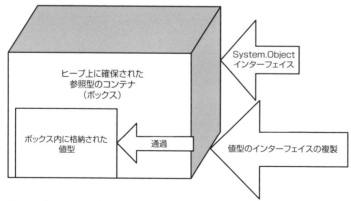

図1-1：ボックス中の値型。値型をSystem.Objectの参照に変換するために、名前のない参照型が作成される。値型はこの名前のない参照型の中にインラインで格納される。値型にアクセスするすべてのメソッドはボックスを通過して値型に受け渡される

.NET 2.0からはジェネリック型が追加されたため、ジェネリック型やジェネリックメソッドを使うだけでボックス化とボックス化解除を回避できるようになりました。値型を不必要にボックス化せずに済ませる方法として、これが最も強力だということは間違いありません。しかし.NET FrameworkにはSystem.Objectを引数に取るような場面もまだ多く残されています。これらのAPIでは依然としてボックス化とボックス化解除が発生します。これは自動的に起こることです。コンパイラはSystem.Objectのような参照型が必要な場所で値型が使用されていると、ボックス化とボックス化解除の命令を生成します。さらに、値型をインターフェイス経由で操作する場合にもボックス化とボックス化解除が起こります。いずれの場合にも何の警告もありませんが、ボックス化が確実に起こるわけです。次のような単純な例からもボックス化が起きていることを確認できます。

```
Console.WriteLine(
    $"いくつかの数値: {firstNumber}, {secondNumber}, {thirdNumber}");
```

　補間文字列はSystem.Objectへの参照の配列を使用して作成されるため、その際にボックス化のための処理が発生します。数値は値型であって、値から文字列を作成するためにコンパイラが生成したメソッドに渡すことができるようにするためにボックス化が必要です。これら3つの整数型の引数をSystem.Objectとするには、ボックス化を利用するしかありません。さらに、このメソッドの内部では、ボックス内のオブジェクトに対してToString()を呼び出してボックス内の値にアクセスしています。
　具体的には以下のようなコードが生成されています。

```
int i = 25;
object o = i; // ボックス化
Console.WriteLine(o.ToString());
```

　ボックス化とボックス化解除はオブジェクトそれぞれに対して行われます。引数から文字列を作成するメソッドの内部では以下のようなコードが実行されます。

```
object firstParm = 5;

object o = firstParm;
int i = (int)o; // ボックス化解除
string output = i.ToString();
```

　実際にこのようなコードを書くことはないでしょうが、特定の値型をSystem.Objectへと変換するコードをコンパイラに任せてしまうと、まさにこのようなコードになります。コンパイラは単に開発者の手助けをしようとしただけです。うまくいくようにしようとしただけなのです。値型からSystem.Objectのインスタンスへの変換に必要だったので、ボックス化と

# 第1章　C#言語イディオム

ボックス化解除を行う文を生成したのです。このようなペナルティを回避するには、WriteLineへ渡す前にあらかじめ文字列インスタンスへ変換しておく必要があります。

```
Console.WriteLine(
$@"いくつかの数値: {firstNumber.ToString()},
{secondNumber.ToString()}, {thirdNumber.ToString()}");
```

このコードでは整数の既知の型を使用しているため、値型（整数）が暗黙的に System.Object へと変換されることはありません。この例から、System.Object への暗黙的な変換に注意すべきという、ボックス化を避けるための1つ目のルールがわかります。避けられるのであれば、System.Object の代わりとして値型を使用しないようにすべきです。

値型を思いがけず System.Object の代わりとしてしまう例としては、値型を.NET 1.xのコレクションに格納するような場面です。1.xのオブジェクトベースのコレクションではなく、.NET BCL 2.0以降で追加されたジェネリック版のコレクションを使用すべきです。しかし一部の.NET BCLではいまだに1.xのコレクションが使用されています。したがって、起こり得る問題とその対処方法を把握しておく必要があります。

.NET Frameworkがリリースされた当初、コレクションには System.Object インスタンスへの参照が保持されるようになっていました。値型をコレクションに追加すると、毎回ボックス内に格納されます。コレクションからオブジェクトを削除しようとすると、毎回ボックスからコピーが作成されます。ボックスからオブジェクトを取り出すと、常にコピーが作成されます。このためにアプリケーションで潜在的なバグが産まれます。このバグはボックス化を定義する規則に由来するものです。まずは単純な例として、1つのフィールドを変更可能な単純な構造体を用意して、このオブジェクトをいくつかコレクションに追加します。

```
public struct Person
{
    public string Name { get; set; }

    public override string ToString()
    {
        return Name;
    }
}

// コレクション内のPersonを使用する
var attendees = new List<Person>();
Person p = new Person { Name = "以前の名前" };
attendees.Add(p);

// 名前を変更:
// Personが参照型であれば正しく動作する
Person p2 = attendees[0];
p2.Name = "新しい名前";
```

```
// 「以前の名前」が出力：
Console.WriteLine(attendees[0].ToString( ));
```

　Personは値型です。attendeesコレクション中にはPersonが格納されているわけなので、JITコンパイラはPersonオブジェクトがボックス化されないよう、List<Person>用のクローズジェネリック型を作成します。Nameプロパティを変更するためにPersonオブジェクトを取り出すと、作成されたコピーが返されます。すべての変更はこのコピーに対して行われたわけです。さらに、attendees[0]オブジェクトに対してToString()を呼び出しているコードでは、3つ目のコピーが作成されています。このことから、またその他さまざまな理由により、不変な値型を作成するべきです。

　確かに、値型はSystem.Objectや任意のインターフェイス参照へ変換できます。この変換は暗黙的に行われるため、変換がいつどこで行われているかを見つけ出すことは困難です。また、言語や環境によってもその規則が変わります。ボックス化とボックス化解除の操作は望んでいないような場所でコピーを作成することがあります。それによりバグが起こることもあります。さらに、値型を多態性のあるオブジェクトとして扱おうとするとパフォーマンスの低下を招きます。コレクション中に値型を格納する、あるいはSystem.Objectに定義されたメソッドを呼び出す、あるいはSystem.Objectにキャストするような、値型がSystem.Objectやインターフェイス型に変換される場面がないかどうか、注意しておくべきです。また、できる限りそういったことが起こらないようにすべきです。

## 項目10　親クラスの変更に応じる場合のみnew修飾子を使用すること

　親クラスから継承した非virtualメンバは、new修飾子を使用することによって派生クラスで再定義できます。しかしこれは再定義可能だということだけであって、そうすべきだということではありません。非virtualメソッドを再定義すると、型の挙動が曖昧になります。以下のコードにおいて、2つのクラスが継承関係にあれば、いずれのメソッドとも同じ結果が得られることを期待するでしょう。

```
object c = MakeObject();

// MyClass経由で実行
MyClass cl = c as MyClass;
cl.MagicMethod();

// MyOtherClass経由で実行
MyOtherClass cl2 = c as MyOtherClass;
cl2.MagicMethod();
```

new修飾子が指定されている場合、このコードは必ずしも同じ結果になるとは限りません。

```csharp
public class MyClass
{
    public void MagicMethod()
    {
        Console.WriteLine("MyClass");
        // 詳細は省略
    }
}
public class MyOtherClass : MyClass
{
    // MagicMethodをこのクラス用に再定義
    public new void MagicMethod()
    {
        Console.WriteLine("MyOtherClass");
        // 詳細は省略
    }
}
```

　このような実装は多くの開発者を混乱させることでしょう。同じオブジェクトに対して同じメソッドを呼び出したのであれば、同じコードが実行されるものだと期待するはずです。ところが、関数を呼び出すための参照あるいはラベルを変更するだけで挙動が変わるという状況は非直感的で、一貫性に欠けるものです。MyOtherClassオブジェクトの挙動は、オブジェクトの参照の仕方によって変化します。結局のところ、new修飾子を指定したからといって、非virtualメソッドがvirtualメソッドとして機能するわけではないのです。そうではなく、クラスの名前スコープ内に別のメソッドが追加されているだけなのです。

　非virtualメソッドは静的に結び付けられます。つまり、MyClass.MagicMethod()を参照するコードはMyClass内のMagicMethodを呼び出します。実行時には、派生クラスに定義された同名のメソッドを参照したりはしません。一方、virtualメソッドは動的に結び付けられます。ランタイムは実行時におけるオブジェクトの型を参照して、それにふさわしいメソッドを呼び出すのです。

　new修飾子で非virtualメソッドが上書きされないようにすべきということは、親クラスのすべてのメソッドをvirtualメソッドとして定義すべきということではありません。ライブラリの設計者は、メソッドをvirtualとして定義することにより、1つの制約を表すことができます。すなわち、virtualメソッドは派生クラスにおいてその実装が変更されることを期待しているわけです。一連のvirtualメソッドは派生クラスで変更され得る挙動を定義しているのです。「基本的にはvirtual」な設計とはすなわち、派生クラスにおいてすべての挙動を変更しても構わないということです。この場合、派生クラスが実際にどのような挙動を取りたいのかということを設計の時点ではまったく考慮しなくて済むという利点があります。その代わり、どのようなメソッドやプロパティがポリモーフィックに動作すべきかということを時間をかけ

項目10　親クラスの変更に応じる場合のみnew修飾子を使用すること

て検討する必要があります。それら最低限必要なメソッドやプロパティだけをvirtualとすべきです。型を使用する場合の制限については考慮する必要がありませんが、型の挙動を変更する際にエントリーポイントとなるものについて、ガイドを用意しておくとよいでしょう。

　メソッドにnewを使用すべき場面がただ1つだけあります。派生クラスですでに使用済みのメソッド名が、新しいバージョンの親クラスに定義されたメンバと競合した場合にはnew修飾子を指定します。名前が競合しているメソッドは、すでにあちこちの実装コードで使用されていることでしょう。また、このメソッドを呼び出すような外部アセンブリもすでにリリースされているかもしれません。たとえば以下の例では、外部ライブラリ中で定義されているBaseWidgetを使用するライブラリを作成しています。

```
public class MyWidget : BaseWidget
{
    public void NormalizeValues()
    {
        // 詳細は省略
    }
}
```

　このライブラリを完成させた後、別のユーザーがこのライブラリを使用し始めます。しばらくして、BaseWidgetの開発元から新しいバージョンが公開されます。待ち望んでいた新機能が実装されていたため、早速購入して自作のライブラリに組み込むことにしたのですが、BaseWidgetには自作のライブラリに用意していたNormalizeValuesと同名のメソッドが追加されていたため、組み込むことができませんでした。

```
public class BaseWidget
{
    public void NormalizeValues()
    {
        // 詳細は省略
    }
}
```

　さて、どうしたものでしょう。親クラスに追加されたメソッドが、派生クラスの名前空間に悪影響を与えています。この場合、2通りの解決方法があります。1つは自作のライブラリに定義したNormalizeValuesメソッドの名前を変更する方法です。なお以下のコードではBaseWidget.NormalizeValues()がMyWidget.NormalizeAllValuesと意味的に同じ機能をするものと想定しています。もしそうでない場合には、親クラスの実装を呼び出すべきではありません。

```
public class MyWidget : BaseWidget
{
```

37

第1章　C#言語イディオム

```
    public void NormalizeAllValues()
    {
        // 詳細は省略
        // （偶然）親クラスの新しいメソッドが同じ処理を行う場合に限り
        // 親クラスのメソッドを呼び出す
        base.Normalizevalues();
    }
}
```

あるいはnew修飾子を使用します。

```
public class MyWidget : BaseWidget
{
    public new void NormalizeValues()
    {
        // 詳細は省略
        // （偶然）親クラスの新しいメソッドが同じ処理を行う場合に限り
        // 親クラスのメソッドを呼び出す
        base.Normalizevalues();
    }
}
```

　もしもMyWidgetクラスを使用するすべてのコードを変更できるのであれば、MyWidgetのメソッド名を変更した方が長期運用に耐えられることでしょう。しかしMyWidgetを一般公開していた場合、世界中のユーザーに多大な変更を強いることになります。この場合にはnew修飾子を指定する方が現実的です。そうすればユーザーは既存のコードを変更せずにNormalizeValues()メソッドを使用し続けることができます。以前のバージョンではBaseWidget.NormalizeValues()メソッドが存在しなかったので、このメソッドを呼び出すコードは存在しないはずです。このように、親クラスの変更によって派生クラスのメンバと競合するようになった場合には、new修飾子を指定することで問題を解決できるでしょう。

　当然ながら、しばらくしてからユーザーがBaseWidget.NormalizeValues()を必要とするようになることもあるでしょう。そうなると最初に紹介した、同名のメソッドが異なる挙動を取るという問題が再発します。new修飾子を使用するのであれば、長期運用シナリオを十分に考慮すべきです。場合によってはメソッド名を変更して、短期間の迷惑をかける方がよい選択肢になることもあるでしょう。

　new修飾子は注意して使用すべきです。見境なく使用してしまうと、型の挙動が不安定になります。親クラスの変更によって、自身が作成したクラスと競合が起きた場合にのみ使用すべきです。その場合においても、本当に使用すべきかどうか十分検討するべきです。どのような状況においても、new修飾子は使用しない方がよいということを認識しておくことが重要です。

# 第2章　リソース管理

　.NETアプリケーションがマネージ実行環境上で動作するという単純な事実は、実践的なC#（Effective C#）の仕様に大きな影響を与えていることは言うまでもありません。マネージ環境における利点を引き出すためには、その他の環境から.NET共通言語ランタイム（CLR：Common Language Runtime）環境へと考え方を切り替えること、つまり.NETのガベージコレクタ（GC：Garbage Collector）について理解することが必要です。また、オブジェクトの生存期間の理解が必要です。これはつまり、非マネージリソースの制御方法の理解が必要ということにつながります。本章では.NET環境とその機能を活用するようなソフトウェア開発に役立つような例を紹介しています。

## 項目11　.NETのリソース管理を理解する

　優れた開発者となるには、実行環境におけるメモリやその他主要なリソースの管理方法を理解しておかなければいけません。.NETの場合、これはつまりメモリ管理やガベージコレクタを理解することだと言えます。
　ガベージコレクタは開発者の代わりにメモリを管理します。ネイティブ環境とは異なり、メモリリークや参照されていない未解放のポインタ、未初期化ポインタ、その他多くのメモリ管理における問題のほとんどを開発者は気にする必要がありません。ガベージコレクタは開発者によって実装されたクリーンアップコードよりも後のタイミングにおいて、より適切な処理を実行します。データベース接続やGDI+オブジェクト、COMオブジェクト、あるいはその他のシステムオブジェクトなど、非マネージリソースに対しては開発者自身が後処理を実装する必要があります。また、イベントハンドラやデリゲートを使用することによってオブジェクト間の結び付きが生まれ、その結果として自身が意図するよりも長い期間オブジェクトがメモリ上に存在し続けることがあり得ます。クエリは結果を要求した時点で実行されますが、これもまた意図するよりも長い期間オブジェクトへの参照が残り続けることになる場合があります（項目41参照）。
　しかし嬉しいニュースもあります。メモリはガベージコレクタによって管理されるため、す

べてのメモリを自前で管理する場合と比べて、一部のデザインパターンをより簡単に実装できます。循環参照はたとえそれが単純あるいは複雑であっても、メモリを独自管理しなければならないような環境と比べて、遙かに簡単かつ正しく実装できます。ガベージコレクタはmark-compactアルゴリズムにより、オブジェクト間の参照関係を把握していて、どこからも参照されなくなったオブジェクトを削除します。ガベージコレクタは、COMのように参照の有無をオブジェクト自身に管理させることを強制するのではなく、アプリケーションのルートオブジェクトを始点として、オブジェクトツリーを操作することによって到達可能なオブジェクトを把握します。このアルゴリズムがオブジェクト間の主従関係をどのように決定するのか、`EntitySet`を例として見てみましょう。エンティティ（entity：実体）はデータベースから読み取ったオブジェクトのコレクションです。各エンティティには別のエンティティオブジェクトへの参照が含まれることがあります。さらに、別のエンティティへのリンクが含まれる場合もあります。リレーショナルデータベースのエンティティセットモデルと同様に、エンティティ同士のリンクや参照は循環することがあります。

　複雑に絡み合ったオブジェクトには、それぞれ異なるエンティティセットとして表現されるような、さまざまな参照関係があります。メモリの解放はガベージコレクタの責任です。.NET Frameworkの設計としては、これらのオブジェクトを必ずしも解放しなくてよいことになっているため、オブジェクト間に複雑な関係があったとしても、それが原因でプログラムが停止するということはありません。また、複雑に絡み合ったオブジェクトをどのような順序で解放すべきかということを決める必要もありません。先述したように、メモリの解放はガベージコレクタが担うべき役割です。ガベージコレクタはこのように複雑なオブジェクトであっても、ガベージとなったオブジェクトを簡単に見つけ出すことができるよう設計されています。アプリケーションを停止させると、その時点ですべてのエンティティに対する参照を止めることができます。ガベージコレクタはアプリケーション内で生存中のオブジェクトからエンティティが到達可能かを把握できます。アプリケーションから到達不可能なオブジェクトであれば、それらはすべてガベージとみなされます。

　ガベージコレクタは実行されるたびにマネージヒープをコンパクション（圧縮）します。マネージヒープのコンパクションにより、ヒープにある使用中のオブジェクトの再配置が行われ、その結果1つの大きな連続メモリ領域が確保されます。図2-1はガベージコレクタの前後におけるヒープのスナップショットを表しています。ガベージコレクタの処理が終了するたびに、未使用のメモリ領域が1つの連続領域になることがわかります。

## 項目11 .NETのリソース管理を理解する

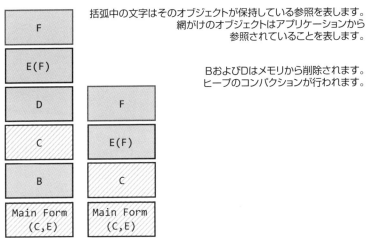

図2-1：ガベージコレクタは使用されなくなったメモリを解放するだけではなく、オブジェクトの再配置を行って、使用中のメモリの集約および未使用メモリの領域の最大化を行う

すでに説明した通り、(マネージヒープに対する)メモリ管理の責任はすべてガベージコレクタにあります。その他のシステムリソースについては開発者、すなわち独自のクラスの開発者およびそのクラスを利用する開発者が責任を負う必要があります。非マネージリソースの生存期間を開発者が制御できるようにするために、ファイナライザとIDisposableインターフェイスという2つのメカニズムが用意されています。ファイナライザは防衛的なメカニズムであり、独自に定義したオブジェクトが常に非マネージリソースを解放するようにできるものです。ファイナライザには多くの欠点もあるため、IDisposableインターフェイスも併せて実装するとよいでしょう。そうすることによって、リソースを速やかにシステムへ返却できるようになります。

ファイナライザはオブジェクトがガベージとなった後、不特定のタイミングでガベージコレクタによって呼び出されます。それがいつになるかを知ることはできません。唯一わかることは、オブジェクトに到達できなくなった後にそれが行われるということだけです。これはC++と比較すると非常に大きな変更点であり、アプリケーションの設計にも重大な影響をおよぼします。C++に習熟したプログラマであれば、たとえば重要なリソースをコンストラクタで確保した後、デストラクタで解放するようなクラスを作成するでしょう。

```
// C++では有効だけれどもC#では非推奨
class CriticalSection
{
    // コンストラクタがシステムリソースを取得
    public CriticalSection()
    {
        EnterCriticalSection();
    }
```

## 第2章　リソース管理

```
    // デストラクタがシステムリソースを解放
    ~CriticalSection()
    {
        ExitCriticalSection();
    }

    private void ExitCriticalSection()
    {
    }

    private void EnterCriticalSection()
    {
    }
}

// 使用例：
void Func()
{
    // sの生存期間によってシステムリソースへのアクセスを制御
    CriticalSection s = new CriticalSection();

    // 処理を実行
    //...
    // コンパイラによってデストラクタの呼び出しが生成される
    // デストラクタ中でクリティカルセクションから抜ける
}
```

C++におけるこのような汎用のイディオムでは、リソースの解放を忘れることによる例外への対策がなされています。ところがC#においては、このコードは（少なくとも同じ方法では）うまく機能しません。ファイナライザの実行タイミングは、.NET環境あるいはC#言語からは決定できません。C++の場合と同じ方法、つまりデストラクタでのリソース解放をC#に強制しようとしてもうまくいかないのです。C#のファイナライザは最終的には実行されますが、意図したタイミングで実行されるというわけではありません。先の例の場合、最終的にはクリティカルセクションを抜け出しますが、C#においては関数を抜けると同時にクリティカルセクションを抜け出す、というわけではないのです。関数を抜けた後、知らないうちに抜け出しているということになります。それがいつになるかはわかりません。ファイナライザは、特定の型によって確保された非マネージリソースが最終的には解放されるということを保証するための方法でしかありません。一方で、ファイナライザは特定のタイミングで実行されるわけではないので、なるべくファイナライザに頼らないような設計あるいはコーディングを行うべきです。この章を通して、独自のファイナライザを作成せずに済ませる方法や、ファイナライザがどうしても必要な場合に、その悪影響を最小限に抑えるための方法を紹介しています。

　ファイナライザに依存すると、パフォーマンスの低下を招くこともあります。ファイナライザの実行を必要とするオブジェクトは、ガベージコレクタのパフォーマンスに影響を与えます。ガベージとなっているにも関わらず、ファイナライザを実行する必要があるオブジェクト

をGCが発見しても、そのオブジェクトはまだメモリから削除できません。まず、ファイナライザが呼ばれます。ファイナライザはガベージを集めているスレッドとは別のスレッドで実行されます。GCはファイナライザを実行する準備が整ったオブジェクトをキューに格納し、これらのファイナライザをすべて呼び出します。その後に続けて、メモリからガベージを削除する作業を行います。そして次のGC実行サイクルが来た時点でこれらのオブジェクトのファイナライザが実行され、メモリから削除されます。図2-2では、3通りのGCの処理状態と、それぞれにおけるメモリの使われ方を表しています。ファイナライザを必要とするオブジェクトは余計に長いサイクルの間、メモリ上に残されることに注目してください。

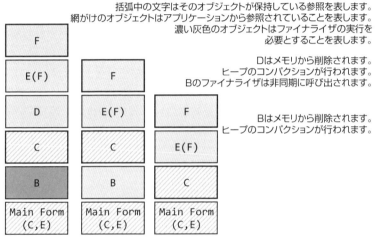

図2-2：ファイナライザがガベージコレクタに与える影響。オブジェクトはより長い期間メモリ上に残され、ガベージコレクタ実行用の特別なスレッドも生成する必要がある

　この説明から、ファイナライザを必要とするオブジェクトの場合、1つ余計なGCサイクルを長くメモリ上に残されるようになるだけだと早合点するかもしれません。しかしそうではありません。GCの設計仕様にはもう1つの機能があり、これが事態をさらにややこしいものにしています。.NETのガベージコレクタは、世代（generation）と呼ばれる概念を利用して、その処理を最適化しています。GCは世代によって、オブジェクトがより優先的に破棄されるべきものかどうかを判断します。前回のGC実行後に作成されたオブジェクトはいずれも世代0になります。1回目のGC実行後に生き残ったオブジェクトはいずれも世代1になり、2回以上GCを乗り越えたオブジェクトは世代2になります。オブジェクトを世代ごとに分けることによって、短命のオブジェクトなのか、アプリケーションと同じ生存期間のオブジェクトなのかを判断できるようにしています。世代0のオブジェクトはたいていの場合、短命なオブジェクトの変数です。メンバ変数やグローバル変数であれば即座に世代1となり、最終的には世代2となるでしょう。

第2章　リソース管理

　GCは世代1あるいは世代2のオブジェクトに対する処理の頻度を限定することによって、その動作を最適化しています。

　世代0のオブジェクトは、GCサイクルにおいて毎回処理の対象になります。大まかに言えば、GCは10回に1回の割合いで世代0および世代1のオブジェクトを対象にします。また、100回に1回の割合いですべてのオブジェクトを対象にします。ファイナライザにかかるコストを再度検討してみましょう。ファイナライザの実行を必要とするオブジェクトは、必要としないオブジェクトに比べて、9回分余計にGCのサイクルを生き残ります。それでもまだファイナライザが実行されていない場合、オブジェクトは世代2になります。世代2ともなれば、世代2用の次のGCが起こるまで、100サイクル余計に生存することになります。

　ファイナライザが優れた解決策ではないことの説明は以上です。しかしそれでも開発者にはリソースを解放する責任があります。この問題については IDisposable インターフェイスと一般的な Dispose パターンを使用することになるでしょう（項目17参照）。

　ガベージコレクタがメモリ管理の責任を果たすこと（すなわちマネージ環境であること）には大きな利点があります。メモリリークやポインタ関連の問題はもはや開発者の責任ではありません。メモリ以外のリソースについては、ファイナライザによるリソース解放を開発者が責任を持って行う必要があります。ファイナライザはプログラムのパフォーマンスに影響をおよぼしますが、リソースリークを避けるためには必須です。ただし IDisposable インターフェイスを実装して利用することにより、ファイナライザを実行するはずだったガベージコレクタのパフォーマンス低下を避けることができます。次の項目では、マネージ環境をさらに効率よく使用するプログラムの作成方法を紹介します。

## 項目12　メンバには割り当て演算子よりも　　　　　　オブジェクト初期化子を使用すること

　クラスにはたいていの場合、2つ以上のコンストラクタが用意されます。ところがしばらくすると、コンストラクタとメンバ変数の整合性が取れなくなるということがよく起こります。この問題を回避するには、各コンストラクタ中でメンバ変数を初期化するのではなく、メンバ変数を宣言した時点で初期化してしまうとよいでしょう。static および非 static メンバ変数のいずれに対しても初期化子（initializer）の構文を使用すべきです。

　C#ではメンバ変数の宣言と同時に初期化することがよくあります。たとえば次のようにして、宣言と同時に初期化できます。

```
public class MyClass
{
    // コレクションの宣言と同時に初期化
    private List<string> labels = new List<string>();
}
```

## 項目12　メンバには割り当て演算子よりもオブジェクト初期化子を使用すること

　MyClass型にコンストラクタがいくつ追加されたとしても、labelsメンバ変数は適切に初期化されます。コンパイラは、型に含まれるすべてのインスタンスメンバ変数を初期化するコードを各コンストラクタの先頭に配置します。新しいコンストラクタを追加したとしても、labelsはやはり正しく初期化されます。同様に、新しいメンバ変数を追加した場合でも、すべてのコンストラクタに初期化用のコードを追加していく必要はありません。初期化コードは変数を定義している場所にあるだけで十分なのです。またこちらも重要なことですが、メンバ変数の初期化コードはコンパイラによって自動生成されるコンストラクタ中にも追加されます。型にコンストラクタが明示的に定義されていない場合、C#コンパイラによってデフォルトコンストラクタが自動生成されます。

　メンバ変数を初期化する場合、コンストラクタ中で初期化コードを記述するよりもオブジェクト初期化子を使用した方が手間がかかりません。オブジェクト初期化子に対応するコードは、型に定義されたすべてのコンストラクタよりも先に実行されるよう生成されます。また、変数初期化子による初期化は、親クラスのコンストラクタよりも先で、なおかつ変数初期化子が記述された順序で呼び出されます。

　オブジェクト初期化子を使用することによって、型のメンバ変数が未初期化状態になることを防ぐことができますが、必ずしも万能な方法ではないことに注意してください。次の3つのケースにおいては、オブジェクト初期化子を使用すべきではありません。まず1つ目に、オブジェクトを0またはnullに初期化するケースです。システム既定の初期化処理では、コードを実行する前にすべての値が0に初期化されます。この初期化には非常に低レベルなCPU命令が使用されており、メモリブロック全体が0に設定されます。そのため、独自のコードから0を設定するのは明らかに無駄です。C#コンパイラは律儀にも0を再割り当てするコードを生成します。

　確かにこの処理は間違いではありませんが、無駄以外の何ものでもありません。

```
public struct MyValType
{
    // 省略
}

MyValType myVal1; // 0に初期化
MyValType myVal2 = new MyValType(); // 同じく0に初期化
```

　いずれの文も、変数をすべて0に初期化します。1行目では、myVal1を含むメモリの値を0にします。2行目ではIL命令initobjを使用しますが、myVal2変数に対してボックス化およびボックス化解除が発生するため、若干余計に時間がかかります（項目9参照）。

　2つ目のケースとして、同一のオブジェクトに対して複数回の初期化を行う問題があります。オブジェクト初期化子を使用する場合、すべてのコンストラクタに共通した初期化を行うことが前提となります。次のバージョンのMyClassでは、2つのコンストラクタによって、Listオ

第2章 リソース管理

ブジェクトがそれぞれ別の値に初期化されています。

```
public class MyClass2
{
    // コレクションを宣言して初期化
    private List<string> labels = new List<string>();

    MyClass2()
    {
    }

    MyClass2(int size)
    {
        labels = new List<string>(size);
    }
}
```

　コレクションの初期サイズを指定できるコンストラクタを使用してMyClass2のオブジェクトを新規作成した場合、2つのListオブジェクトが作成されます。しかし一方のオブジェクトは即座にガベージになります。オブジェクト初期化子はそれぞれのコンストラクタよりも先に実行されるため、1番目のListオブジェクトが作成されますが、コンストラクタの中ですぐに2番目のListオブジェクトが作成されます。すなわち、コンパイラは次のようなコードを生成するわけです（このような状況への対策方法については項目14を参照）。開発者であればこのようなコードを書くことはないでしょう。

```
public class MyClass2
{
    // コレクションを宣言して初期化
    private List<string> labels;

    MyClass2()
    {
        labels = new List<string>();
    }

    MyClass2(int size)
    {
        labels = new List<string>();
        labels = new List<string>(size);
    }
}
```

　自動実装プロパティを使用する場合も同じ問題が起こり得ます。自動実装プロパティとすることが適切であるようなデータ要素に対して、プロパティに格納される初期データを重複なく設定する方法については項目14を参照してください。
　初期化コードをコンストラクタ内に移動させるべき最後の理由としては、初期化時における

例外処理に対応させる場合です。初期化コードは try ブロックで囲うことができません。メンバ変数の初期化中に発生し得るすべての例外は、オブジェクトの外側へ伝搬されるため、クラスの内部で復旧用のコードを用意することができません。そのため、初期化コードをコンストラクタ内に移動させて、例外を適切に処理するような復旧用コードを作成できるようにすべきです。

　メンバ初期化子は型に定義されたコンストラクタに関わらず、メンバ変数を確実に初期化することができる便利な機能です。初期化子に対応するコードは各コンストラクタよりも先に実行されます。初期化子を使用することにより、将来新しいコンストラクタを追加した場合でも、メンバ変数の初期化忘れを防ぐことができます。ただしすべてのコンストラクタに共通した初期化を行う場合のみ初期化子を使用すべきです。そうすれば、コードの可読性やメンテナンス性を向上させることができるでしょう。

## 項目13　staticメンバを適切に初期化すること

　言うまでもありませんが、staticメンバ変数は、型のインスタンスが1つ以上作成されるよりも前に初期化されるべきです。

　そのため、C#ではstaticメンバ初期化子あるいはstaticコンストラクタという構文が用意されています。staticコンストラクタは特別な役割を持っており、型に定義された他のメソッドや変数、プロパティに対する初回アクセスよりも前に実行されます。この機能により、staticメンバの初期化やシングルトンパターンの強制、あるいはクラスが利用可能になる前に必要な処理を記述することができます。staticメンバ変数を初期化する場合、非staticコンストラクタやstatic変数用のprivateメソッド、あるいはその他の方法を使用すべきではありません。複雑な、あるいはコストの高い初期化が必要なstaticフィールドに対しては、Lazy<T>を使用して、フィールドへの初回アクセス時に初期化が行われるようにすることを検討するとよいでしょう。

　インスタンスの初期化と同様に、staticコンストラクタで初期化する代わりにオブジェクト初期化子の構文を使用することもできます。staticメンバの初期化時に単にメモリを確保する必要があるだけであれば、初期化子の構文を使用するとよいでしょう。そうではなく、より複雑な初期化処理が必要であればstaticコンストラクタを作成するとよいでしょう。

　C#でシングルトンパターンを実装する場合、staticコンストラクタを使用する方法が最も一般的です。インスタンス生成用のコンストラクタはprivateにしておき、インスタンス取得用のメンバを用意します。

```
public class MySingleton
{
    private static readonly MySingleton theOneAndOnly = new MySingleton();
```

```csharp
    public static MySingleton TheOnly
    {
        get { return theOneAndOnly; }
    }

    private MySingleton()
    {
    }

    // 以下省略
}
```

シングルトンオブジェクトをより複雑な手順で初期化したい場合でも、シングルトンパターンは同じように簡単に実装できます。

```csharp
public class MySingleton2
{
    private static readonly MySingleton2 theOneAndOnly;

    static MySingleton2()
    {
        theOneAndOnly = new MySingleton2();
    }

    public static MySingleton2 TheOnly
    {
        get { return theOneAndOnly; }
    }

    private MySingleton2()
    {
    }

    // 以下省略
}
```

インスタンスメンバの場合と同様に、staticメンバのオブジェクト初期化子はstaticコンストラクタの呼び出しよりも前に実行されます。また、ご想像の通り、staticメンバのオブジェクト初期化子は親クラスのstaticコンストラクタよりも前に実行されます。

CLRは、型がアプリケーション空間（AppDomain）において初めてアクセスされるよりも前の時点で、その型のstaticコンストラクタを自動的に呼び出します。staticコンストラクタは1つのみ定義可能で、引数を取ることもできません。staticコンストラクタはCLRから呼び出されるため、コンストラクタ中で起こり得る例外には細心の注意を払わなければいけません。staticコンストラクタ内で発生した例外が処理されない場合、CLRはTypeInitializationException例外をスローしてプログラムを停止させます。この例外を呼び出し元が処理できたとしても、事態は依然として深刻です。AppDomainがアンロードされない

限り、この型を作成しようとするコードは失敗することになります。CLRはstaticコンストラクタを実行して型を初期化することができないわけです。この処理は再実行されないため、型が適切に初期化されない状態になります。この初期化に失敗した型（あるいは派生型）のオブジェクトは不完全な状態になるでしょう。したがってこの例外を処理できるような仕組みは用意されていないのです。

　オブジェクト初期化子よりもstaticコンストラクタで初期化すべき最大の理由の1つがこの例外処理の有無です。staticメンバに対してオブジェクト初期化子を使用する場合、発生した例外をクラス自身で処理することはできません。一方、staticコンストラクタの場合にはクラス内での例外処理が可能です（項目47参照）。

```
static MySingleton2()
{
    try
    {
        theOneAndOnly = new MySingleton2();
    }
    catch
    {
        // この位置で復旧処理を実行
    }
}
```

　static変数初期化子およびstaticコンストラクタは、クラス内のstaticメンバを初期化する場合に最適な方法です。これらの方法を使うことで可読性が増し、エラーの修正も容易になります。この機能はC#以外の言語においてstaticメンバの扱いが複雑だったことを教訓として、言語機能に組み込まれたものです。

## 項目14　初期化ロジックの重複を最小化する

　コンストラクタを定義するという作業は幾度となく繰り返されるものです。そのため、最初のコンストラクタを記述した後、そのコードを別のコンストラクタにコピーペーストして、適宜必要な分だけコンストラクタをオーバーライドするということが多くの開発者によって行われていることでしょう。おそらく読者の皆さんはそういったことはしていないと思いますが、もし該当するようであればすぐに止めるべきです。C++に習熟したプログラマであれば、共通する処理をprivateヘルパメソッドに切り出すかもしれません。しかしそれもやめるべきです。複数のコンストラクタに共通する処理が必要になった場合、これらの方法の代わりに、共通処理を行うためのコンストラクタを用意すべきです。そうすることでコードの重複を避けることができるだけでなく、コンストラクタ初期化子に対応するオブジェクトコードがより効率的なものとして生成されるようになります。C#コンパイラはコンストラクタ初期化子を特別な文法とみなし、重複した変数初期化子を削除したり、重複した親クラスのコンストラクタ呼

## 第2章　リソース管理

び出しを削除したりします。その結果、アプリケーションの実行時において、オブジェクトの初期化に必要なコード量が最小限に抑えられます。また、共通のコンストラクタに処理を任せることにより、記述するコード量も最小限にできます。

コンストラクタ初期化子では、別のコンストラクタを1回だけ呼び出すことができます。具体的には以下のようにします。

```csharp
public class MyClass
{
    // コレクションデータ
    private List<ImportantData> coll;
    // インスタンス名
    private string name;

    public MyClass() :
        this(0, "")
    {
    }

    public MyClass(int initialCount) :
        this(initialCount, string.Empty)
    {
    }

    public MyClass(int initialCount, string name)
    {
        coll = (initialCount > 0) ?
            new List<ImportantData>(initialCount) :
            new List<ImportantData>();
        this.name = name;
    }
}
```

C# 4.0ではデフォルト引数が追加されたため、コンストラクタの重複コードを最小化できます。MyClassに定義された複数のコンストラクタを1つのコンストラクタに置き換え、そこですべての（あるいはほとんどの）値に対するデフォルト値を指定できます。

```csharp
public class MyClass
{
    // コレクションデータ
    private List<ImportantData> coll;
    // インスタンス名
    private string name;

    // new制約を満たすために必要
    public MyClass() :
        this(0, string.Empty)
    {
    }
```

```
    public MyClass(int initialCount = 0, string name = "")
    {
        coll = (initialCount > 0) ?
            new List<ImportantData>(initialCount) :
            new List<ImportantData>();
        this.name = name;
    }
}
```

　デフォルト引数と複数のオーバーロードとの間にはトレードオフがあります。デフォルト引数の場合、より多くの選択肢を使用者に提供できます。デフォルト引数を使用するバージョンのMyClassでは、両方の引数にデフォルト値を指定しているため、ユーザーは片方あるいは両方の引数それぞれに値を指定できます。一方、コンストラクタをオーバーロードして実装する場合、引数なしのコンストラクタ、initialCountを指定するコンストラクタ、nameを指定するコンストラクタ、そして両方を指定するコンストラクタという、4つのコンストラクタが必要です。クラスにメンバ変数を追加するほど、すべての引数の組み合わせ数が増えるため、潜在的に必要となるオーバーロードの数が増加します。この複雑さを考えると、デフォルト引数は非常に強力なメカニズムであり、作成しなければいけないオーバーロードの数を最小限にできます。

　独自の型のコンストラクタにおいて、すべての引数のデフォルト値を定義しておけば、MyClassのコンストラクタをどのように呼び出しても正しい状態になることを保証できます。この方法の場合、上記のコード例のようにして引数なしのコンストラクタを明示的に作成しておかなければいけません。ほとんどのコードではデフォルト引数の値を利用できますが、new制約を使用するジェネリッククラスにおいては、デフォルト値が設定された引数を取るコンストラクタを受け入れません。new制約を満たすためには、クラスが明示的にパラメータなしのコンストラクタを持っている必要があります。そのため、new制約を強制するジェネリッククラスやメソッドでその型を使えるようにするには、デフォルトコンストラクタを用意しておく必要があります。すべての型が引数なしのコンストラクタを持つ必要があるというわけではありませんが、このコードを必ず追加しておくようにすれば、new制約のあるジェネリッククラスと連携する場合も含め、あらゆる場面で引数なしのコンストラクタを利用できるようになります。

　また、2つ目のコンストラクタではname引数のデフォルト値として、string.Emptyではなく""を指定していることに注意してください。これはstring.Emptyがコンパイル時定数ではないためです。string.Emptyはstringクラスのstaticプロパティであり、コンパイル時定数ではないため、引数のデフォルト値としてこの値を使用することができません。

　このようにデフォルト引数は便利なものですが、オーバーロードの代わりにデフォルト引数を使用すると、そのクラスとそれを利用するすべてのクライアントコードとの間により強い結

合を生み出します。具体的には、引数の名前とそのデフォルト値が**public**インターフェイスの一部となります。つまり引数の名前を変更した場合、このクラスを使用するすべてのコードが名前の変更に追従しなければいけません。そのため、将来起こり得る変化に対しては、オーバーロードされたコンストラクタの方が耐性が高いと言えます。既存のクライアントコードとの互換性を維持したまま、新しいコンストラクタを追加したり、値を指定していないコンストラクタにおける既定の振る舞いを変えたりすることができます。

　デフォルト引数はこの種の問題に適した解決策ではありますが、引数を取らないコンストラクタをあてにしてリフレクションを行い、オブジェクトを作成するようなAPIがあります。引数がすべてデフォルト値のままになっているコンストラクタは、引数なしのコンストラクタとは異なるものです。異なる機能としてサポートするためには、それ専用のコンストラクタを用意することになります。コンストラクタが増えるにつれて、非常に多くの重複コードが産まれることになることでしょう。そうした場合、コンストラクタに共通するユーティリティメソッドを用意するのではなく、同じクラス内に定義された別のコンストラクタを呼び出すようにします。コンストラクタに共通する処理を別メソッドとして切り出す方法には、いくつかの欠点があります。

```
public class MyClass
{
    private List<ImportantData> coll;
    private string name;

    public MyClass()
    {
        commonConstructor(0, "");
    }

    public MyClass(int initialCount)
    {
        commonConstructor(initialCount, "");
    }

    public MyClass(int initialCount, string Name)
    {
        commonConstructor(initialCount, Name);
    }

    private void commonConstructor(int count,
        string name)
    {
        coll = (count > 0) ?
            new List<ImportantData>(count) :
            new List<ImportantData>();
        this.name = name;
    }
}
```

## 項目14 初期化ロジックの重複を最小化する

このバージョンは先と同じように見えますが、遙かに非効率なコードが生成されます。コンパイラはいくつかの機能を呼び出すためのコードを自動的にコンストラクタに追加します。また、すべての変数に対するオブジェクト初期化子用の文を追加します（項目12参照）。そして親クラスのコンストラクタを呼びます。独自の共通処理用ユーティリティメソッドを用意した場合、コンパイラはこれらのコードが重複しているかどうか確認できなくなります。そのため、生成されるILに対応するコードは以下のようになるでしょう。

```csharp
public class MyClass
{
    private List<ImportantData> coll;
    private string name;

    public MyClass()
    {
        // 初期化子に対応するコードがこの位置に置かれる
        object(); // 擬似コード。コンパイルできない
        commonConstructor(0, "");
    }

    public MyClass(int initialCount)
    {
        // 初期化子に対応するコードがこの位置に置かれる
        object(); // 擬似コード。コンパイルできない
        commonConstructor(initialCount, "");
    }

    public MyClass(int initialCount, string Name)
    {
        // 初期化子に対応するコードがこの位置に置かれる
        object(); // 擬似コード。コンパイルできない
        commonConstructor(initialCount, Name);
    }

    private void commonConstructor(int count,
        string name)
    {
        coll = (count > 0) ?
            new List<ImportantData>(count) :
            new List<ImportantData>();
        this.name = name;
    }
}
```

変更前のバージョン通りにコードを記述した場合、コンパイル後にはおよそ次のようなコードとして扱われます。

```csharp
// 生成されたILコードを表すための擬似コード
public class MyClass
```

```
{
    private List<ImportantData> coll;
    private string name;

    public MyClass()
    {
        // この位置には初期化子用のコードは生成されない
        // 以下のようにして3つ目のコンストラクタが呼ばれる
        this(0, ""); // 擬似コード。コンパイルできない
    }

    public MyClass(int initialCount)
    {
        // この位置には初期化子用のコードは生成されない
        // 以下のようにして3つ目のコンストラクタが呼ばれる
        this(0, ""); // 擬似コード。コンパイルできない
    }

    public MyClass(int initialCount, string Name)
    {
        // 初期化子用のコードがこの位置に生成される
        object(); // 擬似コード。コンパイルできない
        coll = (initialCount > 0) ?
            new List<ImportantData>(initialCount) :
            new List<ImportantData>();
        name = Name;
    }
}
```

　コンパイラは重複した親クラスのコンストラクタ呼び出しを生成しない上に、初期化子に対応したコードを各コンストラクタ中に生成しないという違いがあります。親クラスのコンストラクタ呼び出しが3つ目のコンストラクタでしか行われないという点も重要です。というのも、コンストラクタの定義においては、複数のコンストラクタ初期化子を指定することができないからです。コンストラクタの処理を別のコンストラクタに委ねる場合、this()を使用してクラス内の別のコンストラクタを呼び出すか、あるいはbase()を使用して親クラスのコンストラクタを呼び出すことになります。両方を同時に使用することはできません。

　コンストラクタ初期化子における効果だけではまだ不満が残りますか？ ではreadonlyフィールドの話題に移ることにしましょう。次の例では、オブジェクトの名前がその生存期間中に変更されない、すなわち読み取り専用の値でなければならないとします。

　この場合、共通処理用のメソッドを呼び出すコードではコンパイルエラーが発生します。

```
public class MyClass
{
    // データコレクション
    private List<ImportantData> coll;
    // インスタンスごとのカウンタ
    private int counter;
```

## 項目14　初期化ロジックの重複を最小化する

```csharp
    // インスタンス名
    private readonly string name;

    public MyClass()
    {
        commonConstructor(0, string.Empty);
    }

    public MyClass(int initialCount)
    {
        commonConstructor(initialCount, string.Empty);
    }

    public MyClass(int initialCount, string Name)
    {
        commonConstructor(initialCount, Name);
    }

    private void commonConstructor(int count,
        string name)
    {
        coll = (count > 0) ?
            new List<ImportantData>(count) :
            new List<ImportantData>();
        // エラー：コンストラクタ外でnameを変更しようとしている
        //this.name = name;
    }
}
```

　コンパイラはthis.nameが読み取り専用だとして扱うため、コンストラクタではないコードでその値を変更することはできません。C#においてその代わりとなるものがコンストラクタ初期化子です。極めて単純なクラスでもない限り、クラスには2つ以上のコンストラクタが定義されます。各コンストラクタ中ではオブジェクトの全メンバが初期化されます。すると当然ながら、それぞれの実装は非常によく似たものになるか、あるいはまったく同じ処理を含む部分を持つことになります。そこでC#のコンストラクタ初期化子を使用することにより、共通処理を1か所にまとめることができます。また実行自体も1回だけしか実行されないことが保証されます。

　デフォルト引数にもコンストラクタのオーバーロードにもそれぞれの使いどころがありますが、一般的にはオーバーロードよりもデフォルト引数を選択すべきです。クラスの使用者が引数の値を指定できるようにするには、結局のところ使用者側が指定するあらゆる値を扱えるようなコンストラクタを用意しなければいけません。デフォルト引数に設定するデフォルト値は常に適切な値となるようにし、例外が発生しないようにするべきです。たとえデフォルト引数の値の変更が技術的には周囲との互換性を保てなくなるような変更であると言っても、それが使用者側で発覚するような実装をしてはいけません。使用者側はいまだに元々の値を使用しているでしょうから、変更前のデフォルト値が変更された後も適切な挙動を取るようにするべき

です。こうすることにより、デフォルト値を使用することで起こり得る危険を最小限に抑えることができます。

　最後にもう1点、C#において型のインスタンスが初期化される際に発生する処理を、全体を通して確認しましょう。オブジェクトの初期化時に行われる処理の順序、ならびに既定の初期化処理の両方を把握することが重要です。また、各メンバ変数はオブジェクトの生成時に1回だけ初期化されるよう実装すべきです。そのため、できる限り早い段階で変数の初期化を実行するとよいでしょう。以下は型のインスタンスが初めて生成される際に行われる処理の一覧です。

手順-1. static変数のメモリストレージが0に初期化される
手順-2. static変数の初期化子が実行される
手順-3. 親クラスのstaticコンストラクタが実行される
手順-4. staticコンストラクタが実行される
手順-5. インスタンス変数のメモリストレージが0に初期化される
手順-6. インスタンス変数の初期化子が実行される
手順-7. 適切な親クラスのコンストラクタが実行される
手順-8. インスタンスコンストラクタが実行される

　型の初期化処理は1回だけしか実行されないため、同じ型の別インスタンスにおける初期化処理は手順-5から始まることになります。また手順-6と手順-7は最適化の対象となるため、コンストラクタ初期化子を使用した場合には重複する処理がコンパイラによって削除されます。

　C#コンパイラはオブジェクトが生成される際、すべてのメンバが何らかの方法によって初期化されることを保証しています。少なくとも、インスタンスの生成時にはオブジェクトが使用するメモリ領域が確実に0に初期化されています。この挙動はstaticメンバとインスタンスメンバの両方ともに同じです。開発者が行うべきことは、すべての変数が意図した通りの値に初期化され、かつ初期化処理が1回だけ行われるようなコードを作成することです。単純なリソースに対しては変数初期化子を使い、より複雑な処理が必要な変数についてはコンストラクタ中で初期化を行うようにします。さらに、別のコンストラクタを呼び出すことによってコードの重複を最小限に抑えるべきです。

## 項目15　不必要なオブジェクトの生成を避けること

　ガベージコレクタは開発者の代わりとなって、メモリ管理という素晴らしい仕事をこなしてくれます。その際には、使用されなくなったオブジェクトを非常に効率的な方法でメモリから削除します。しかしどう見積もったとしても、ヒープベースのオブジェクトを確保あるいは破棄するためにかかるコストは、ヒープベースのオブジェクトを確保しない、あるいは破棄しない場合と比べれば余計にCPUパワーを消費することは確実です。したがって、参照型のオブ

ジェクトをメソッド中でローカル変数として大量に使用するほど、アプリケーションのパフォーマンスに大きな影響を与えることになります。

つまり、ガベージコレクタにできるだけ仕事をさせないようにすべきです。開発者の代わりにガベージコレクタが行う仕事を最小限に抑えるためには、以下に紹介する単純なテクニックを使用するとよいでしょう。ローカル変数を含む、すべての参照型に対してメモリの確保が行われます。これらのオブジェクトはルートオブジェクトから生存中だとみなされなくなるとガベージになります。ローカル変数の場合、一般的には宣言されたメソッドが非アクティブになった時点でガベージになります。一般的な悪い例としては、Windowsの描画イベントハンドラにおいて、GDIオブジェクトを生成するというコードです。

```
protected override void OnPaint(PaintEventArgs e)
{
    // 悪い例。描画イベントが起こるたびに同じフォントが生成される
    using (Font MyFont = new Font("Arial", 10.0f))
    {
        e.Graphics.DrawString(DateTime.Now.ToString(),
            MyFont, Brushes.Black, new PointF(0, 0));
    }
    base.OnPaint(e);
}
```

OnPaint()は非常に頻繁に呼び出されます。そして毎回同じ設定で別々のFontオブジェクトが生成されます。そのため、ガベージコレクタは毎回Fontオブジェクトを破棄しなければいけなくなります。GCの実行条件は、メモリの確保量と、確保の頻度によって決まります。メモリを確保すればするほど、GCにプレッシャーを与えるため、より頻繁にGCが実行されます。これは明らかに非効率的です。

その代わりに、Fontオブジェクトをローカル変数からメンバ変数に昇格させるとよいでしょう。それにより、同じFontオブジェクトで毎回の描画イベント処理を行うことができます。

```
private readonly Font myFont = new Font("Arial", 10.0f);

protected override void OnPaint(PaintEventArgs e)
{
    e.Graphics.DrawString(DateTime.Now.ToString(),
    myFont, Brushes.Black, new PointF(0, 0));
    base.OnPaint(e);
}
```

これで毎回の描画のたびにガベージが作られないようにできました。ガベージコレクタの仕事量も減ったわけです。また、プログラムのパフォーマンスも向上しているはずです。Fontオブジェクトのように、IDisposableインターフェイスを実装するオブジェクトをローカル変数からメンバ変数へ昇格させる場合には、クラス自身にもIDisposableインターフェイスを

実装すべきです。IDisposableインターフェイスの実装方法については項目17を参照してください。

　ローカル変数が参照型であり、なおかつ非常に頻繁に呼び出されるメソッド中で使用する必要がある場合には、その変数をメンバ変数へ昇格すべきです（値型のローカル変数については特に必要ありません）。先のPaintイベントにおけるFontオブジェクトなどがまさに該当します。メンバ変数への昇格の対象となり得るのは、頻繁に呼び出されるメソッドの中で使用されるローカル変数だけです。あまり頻繁に呼び出されないメソッド中のローカル変数は対象にはなりません。同じオブジェクトを繰り返し生成することはできるだけ回避すべきですが、すべてのローカル変数をメンバ変数へ昇格すべきだということではないことに注意してください。

　先の例ではBrushes.Blackを使用していますが、ここには同じようなオブジェクトを繰り返し生成しないようにするための別のテクニックがあります。参照型のインスタンスが頻繁に使用される場合、一般的にはstaticメンバ変数を型に用意するとよいでしょう。たとえば先のコードにおける黒色ブラシを例としましょう。描画イベントのたびに黒色でウィンドウへ描画する場合、そのたびに黒色ブラシが必要になります。描画のたびに黒色ブラシを生成していたのでは、プログラムの実行中に膨大な量のBrushオブジェクトが生成および破棄されることになるでしょう。最初のアプローチに従うのであれば、Brushオブジェクトを型のメンバ変数へ昇格することになるわけですが、この方法でもまだ十分ではありません。プログラム中では多くのウィンドウやコントロールが生成されることがあるため、依然として大量のBrushオブジェクトが生成されることになります。.NET Frameworkの設計者はこのことを予期していたのでしょう。必要となるたびに再利用できるよう、黒色ブラシの唯一のインスタンスが用意されています。BrushesクラスにはBrushオブジェクト型のstaticメンバが多数あり、そのそれぞれは一般的に使用される色を表しています。内部的には、Brushesクラスでは要求された色のブラシについてのみインスタンスを生成するような、遅延評価アルゴリズムが採用されています。このアルゴリズムは単純には次のような実装になります。

```
private static Brush blackBrush;
public static Brush Black
{
    get
    {
        if (blackBrush == null)
            blackBrush = new SolidBrush(Color.Black);
        return blackBrush;
    }
}
```

　Brushesクラスでは、黒色ブラシを初めて使用する際にそのインスタンスが生成されます。生成されたインスタンスは黒色を表すブラシとして1つだけ保持され、再度黒色ブラシが必要となった場合には、保持されていたインスタンスが返されます。すなわち、黒色ブラシのイン

スタンスはただ1つだけ存在して、生成後は常にそのインスタンスが再利用されるわけです。さらに、アプリケーションが必要としないリソース（たとえばライムグリーンのブラシ）は決して生成されません。.NET Frameworkでは、機能を実装する際に必要となるオブジェクトの生成回数をなるべく最小限に抑えることができるようになっています。このテクニックは自分で作成するプログラムにおいても採用するとよいでしょう。利点としては、オブジェクトの生成数を抑えることができます。欠点としては、オブジェクトが不必要に長期間メモリ上に存在することになることがあります。これは`Dispose()`メソッドがいつ呼ばれるのかが把握できないため、非マネージリソースを破棄できないということでもあります。

以上で、オブジェクトの生成を最小限に抑えてプログラムのパフォーマンスを維持するためのテクニックを2つ紹介しました。頻繁に使用されるローカル変数をメンバ変数へ昇格します。また、依存オブジェクト注入（dependency injection）を用意することにより、特定の型における一般的なインスタンスを表すオブジェクトを作成して再利用することができます。最後に、不変型の生成に関するテクニックを紹介します。`System.String`クラスは不変型であり、文字列を作成した後はその文字列オブジェクトを変更できません。文字列の内容を変更するようなコードを書いたとしても、実際には新しい文字列オブジェクトが生成されて、古いオブジェクトはガベージになります。次のコードは一見すると無害に見えます。

```
string msg = "Hello, ";
msg += thisUser.Name;
msg += ". Today is ";
msg += System.DateTime.Now.ToString();
```

しかしこれは以下のような非効率なコードです。

```
string msg = "Hello, ";
// 参考用のコード。コンパイルできない
string tmp1 = new String(msg + thisUser.Name);
msg = tmp1; // "Hello " はガベージになる
string tmp2 = new String(msg + ". Today is ");
msg = tmp2; // "Hello <user>" はガベージになる
string tmp3 = new String(msg + DateTime.Now.ToString());
msg = tmp3; // "Hello <user>. Today is " はガベージになる
```

tmp1とtmp2、tmp3、さらに一番最初のmsg("Hello")すべてがガベージです。stringクラスの+=演算子では、新しい文字列オブジェクトが生成されて返されます。既存のオブジェクトを変更して、別の文字列が連結された状態にすることはできません。今回のように単純な場合であれば、補間文字列を使用すべきです。

```
string msg = string.Format("Hello, {0}. Today is {1}",
    thisUser.Name, DateTime.Now.ToString());
```

より複雑な文字列操作が必要な場合には、StringBuilderクラスを使用します。

```
StringBuilder msg = new StringBuilder("Hello, ");
msg.Append(thisUser.Name);
msg.Append(". Today is ");
msg.Append(DateTime.Now.ToString());
string finalMsg = msg.ToString();
```

このような単純な例の場合には文字列補間（項目4参照）で十分対応できます。文字列補間としては複雑すぎる処理を行って結果が得られる場合には、StringBuilderを使用します。StringBuilderは可変な文字列オブジェクトで、不変な文字列オブジェクトを生成できます。このクラスのインスタンスを使用することで、不変な文字列オブジェクトを生成する前に文字列データを生成あるいは編集できます。文字列オブジェクトを操作する必要があるならば、StringBuilderクラスを使用すべきでしょう。しかしより重要なことは、そのデザイン手法に学ぶことです。アプリケーションが不変型を必要とする場合、最終的な不変型のオブジェクトを作成するよりも前に、さまざまな方法で型の情報を変更することができるようなビルダオブジェクトを用意するとよいでしょう。そうすることによって、型を使用する側においてはさまざまな方法で型を生成できる上、型の開発者にとってはその型を不変型として保つことができるわけです。

ガベージコレクタはアプリケーションで使用されるメモリを効率的に管理します。とはいえ、ヒープオブジェクトの生成および破棄にはそれなりのコストがかかることも確かです。必要以上に大量のオブジェクトが生成されないようすべきです。また、参照型のローカル変数を何度も生成しないようにすべきです。代わりに、ローカル変数をメンバ変数へ昇格する、あるいは一般的なインスタンスに対応するようなstaticオブジェクトを用意してオブジェクトを再利用すべきです。また不変型に対しては、それをサポートする可変なビルダクラスを用意するとよいでしょう。

## 項目16　コンストラクタ内では仮想メソッドを呼ばないこと

オブジェクトの初期化中に仮想メソッドを呼び出すと、思いがけない動作をすることがあります。オブジェクトはすべてのコンストラクタが実行し終わるまでは完全には作成されません。それまでの間に仮想メソッドを呼び出すと、意図しない動作となることがあります。たとえば以下のような単純なプログラムがあるとします。

```
class B
{
    protected B()
    {
        VFunc();
```

```csharp
    }

    protected virtual void VFunc()
    {
        Console.WriteLine("B内のVFunc");
    }
}
class Derived : B
{
    private readonly string msg = "初期化子で設定";

    public Derived(string msg)
    {
        this.msg = msg;
    }

    protected override void VFunc()
    {
        Console.WriteLine(msg);
    }

    public static void Main()
    {
        var d = new Derived("メイン内のコンストラクタ");
    }
}
```

 このプログラムを実行すると何が出力されるでしょう。「メイン内のコンストラクタ」「B内のVFunc」「初期化子で設定」のどれでしょうか。熟練のC++プログラマであれば「B内のVFunc」と答えるかもしれません。C#プログラマの何人かは「メイン内のコンストラクタ」と答えるかもしれません。しかし正解は「初期化子で設定」です。
 親クラスのコンストラクタはクラス内で定義されているものの、派生クラスでオーバーライドされている仮想メソッドを呼び出します。実行時においては派生クラスのメソッドが呼ばれます。すなわち、実行時におけるオブジェクトの型はDerivedです。コンストラクタの本体が実行される時点で、すべてのメンバ変数が初期化されているはずなので、C#の言語仕様からすれば派生型のオブジェクトは完全に利用可能な状態になっているはずです。実際、すべてのメンバ初期化子が実行されます。すべての変数を初期化することができたわけですが、だからといって、すべてのメンバ変数が思う通りに初期化されたとは限りません。変数の初期化子が実行されたというだけであって、任意の派生クラスのコンストラクタ本体にあるコードはまだまったく実行されていないのです。
 いずれにしても、オブジェクトの生成中に仮想メソッドを呼び出すと、不整合が起こります。C++の言語仕様では、仮想関数は生成中のオブジェクトにおける実行時の型を決定することと定められています。つまり、オブジェクトが作成されると同時に、実行時におけるオブジェクトの型が決定されることとしたわけです。

第2章　リソース管理

今回の挙動の背景を説明しましょう。まず、作成対象となっているオブジェクトは`Derived`型のオブジェクトです。したがって、`Derived`オブジェクト用のオーバーライドメソッドが呼ばれるべきです。C++の規則とはこの点が異なります。C++の場合、オブジェクトの実行時の型はクラスのコンストラクタが実行されるにつれて変化します。次に、C#の言語仕様では、対象の型が抽象（abstract）親クラスであった場合に、仮想メソッドの実装コードがnullメソッドポインタとならないように決められています。たとえば親クラスを次のように変更します。

```csharp
abstract class B
{
    protected B()
    {
        VFunc();
    }

    protected abstract void VFunc();
}

class Derived : B
{
    private readonly string msg = "初期化子で設定";

    public Derived(string msg)
    {
        this.msg = msg;
    }

    protected override void VFunc()
    {
        Console.WriteLine(msg);
    }

    public static void Main()
    {
        var d = new Derived("メイン内のコンストラクタ");
    }
}
```

クラスBのオブジェクトは作成されていないため、このコードはコンパイルできます。また、すべての派生クラスでは`VFunc()`を実装する必要があります。C#において、実行時の型に一致する`VFunc()`を呼び出すための仕様としては、コンストラクタ内で仮想関数が呼ばれた場合、実行時例外を除くありとあらゆることが起こり得るということだけが決められています。熟練のC++プログラマであれば、同じコードをC++で記述した場合、潜在的な実行時エラーが発生するだろうと予想が付くでしょう。C++の場合、Bのコンストラクタで`VFunc()`を呼び出すとプログラムがクラッシュします。

この単純な例には、もう1つ別のC#言語仕様の落とし穴があります。`msg`変数は不変です。

この変数はオブジェクトの生存期間においては、常に同じ値を持つはずです。コンストラクタがまだ完了していないタイミングでわずかな隙があるため、この変数に別の値を設定できます。最初は初期化子で指定された値になっていますが、コンストラクタ内で別の値に上書きされます。一般的に、派生クラスにおけるすべてのメンバ変数は初期化子あるいはシステムによって設定された初期状態のままになっているはずです。したがって、派生クラスのコンストラクタがまだ実行されない時点では、それらは思い通りの値になっていないはずです。

　コンストラクタで仮想メソッドを呼び出すようにすると、派生クラスを極めて注意深く実装しなければいけなくなります。派生クラスの挙動を制御することはできません。コンストラクタ内で仮想メソッドを呼ぶようなコードは極めて不安定です。派生クラスではすべてのインスタンス変数を初期化子で初期化しなければいけません。この制約が通用するオブジェクトはほとんどありません。ほとんどのコンストラクタはいくつかの引数を取って内部状態を適切に初期化します。したがって、コンストラクタ内で仮想メソッドを呼ぶ場合、派生クラスではデフォルトコンストラクタを定義し、それ以外のコンストラクタを作成しないように強制することになります。しかしこの制限をすべての派生クラスに適用させるのは非常に困難です。本当にすべてのユーザーにこの制約を守らせたいでしょうか。そうではないはずです。このいたずらから得られる利点はほとんどなく、将来的な課題が多数残されるだけです。実際、この状況が正しく機能する場面はほとんどないため、FxCopやVisual Studioにバンドルされたコード分析（Static Code Analyzer）ツールなどではコードが警告されるようになっています。

## 項目17　標準的なDisposeパターンを実装する

　非マネージリソースを保持するオブジェクトを破棄することが重要であることはすでに説明した通りです。ここではメモリ以外のリソースを保持する型において、メモリ管理コードをどのように作成すべきかを説明します。.NET Frameworkでは、非マネージリソースを破棄する方法として、標準的な方法が採用されています。独自の型を使用する側から見ても、型がこのパターンを採用していることを期待するでしょう。型のユーザーが`IDisposable`インターフェイスを忘れていなければ、このインターフェイスによって非マネージリソースを解放できます。また、型のユーザーがこのインターフェイスを忘れてしまっていたとしても、ファイナライザによってやはり非マネージリソースを解放できます。このインターフェイスはガベージコレクタと連動することで、必要な場合に限ってファイナライザを実行するようにできるため、パフォーマンスの低下を最小限に抑えることができるようになります。これが非マネージリソースを解放する正しい方法であるため、正しく理解しておくことが重要です。実際のところ、.NET内の非マネージリソースは`System.Runtime.Interop.SafeHandle`から派生したクラス経由でアクセスできます。この派生クラスでは、ここで説明しているパターンが正しく実装されています。

　クラス階層のルートとなる親クラスでは、以下の規則に従うべきです。

- リソースを解放するために、`IDisposable`インターフェイスを実装すること。
- クラスが非マネージリソースを直接扱う場合に限り、防御策としてファイナライザを追加すること。
- `Dispose`とファイナライザはいずれも、派生クラスにおいてリソース管理を独自にオーバーライドできるよう、仮想メソッドに処理を委ねるようにすること。

派生クラスでは以下が必要です。

- 派生クラスでは、独自のリソースを解放する必要がある場合に限って仮想メソッドをオーバーライドすること。
- クラスのメンバが非マネージリソースである場合に限り、ファイナライザを実装すること。
- 親クラスの仮想メソッドを必ず呼ぶこと。

　まず、クラスが非マネージリソースを使用する場合に限り、ファイナライザを実装するようにします。クラスの使用者が`Dispose()`メソッドを呼び出してくれることをあてにしてはいけません。使用者が`Dispose()`の呼び出しを忘れてしまった場合、リソースリークを引き起こしてしまいます。確かに`Dispose()`メソッドを呼び出すのを忘れたのは使用者なのですが、その非難はクラスの開発者に向けられるでしょう。非マネージリソースが確実に解放されるようにするための唯一の方法は、ファイナライザを用意する以外にありません。非マネージリソースを含む型に限り、ファイナライザを実装するようにします。

　ガベージコレクタが実行されると、ファイナライザを持たないガベージオブジェクトは即座にメモリ上から削除されます。一方、ファイナライザを持つすべてのオブジェクトはメモリ上に残されると同時に、ファイナライザキュー（終了キュー）へ追加されます。また、ガベージコレクタは新しいスレッドを開始して、ファイナライザキューに追加された各オブジェクトのファイナライザを呼び出します。このファイナライザスレッドが終了すると、通常はガベージオブジェクトがメモリ上から削除されます。ファイナライザを持つオブジェクトはGCを生き延びるため、世代が上がっています。また、すでにファイナライザを実行し終えているため、ファイナライザが不要なオブジェクトとしてマークされます。そして上位の世代に対する次のガベージコレクションが実行された時点でメモリから削除されます。このように、ファイナライザが必要なオブジェクトは、ファイナライザを必要としないオブジェクトに比べて長い間メモリ上に残されます。しかし選択の余地はありません。安全なプログラミングを心がけているのであれば、非マネージリソースを保持する型すべてにおいてファイナライザを実装すべきです。しかしパフォーマンスについてはまだ心配しないでください。ファイナライザを実装する型を使用する場合に引き起こされるパフォーマンスのペナルティを回避する簡単な方法については次のステップで紹介します。

　何らかのリソースを保持するオブジェクトにおいて、そのリソースを即座に解放する必要が

ある場合、一般的にはオブジェクトにIDisposableインターフェイスを実装することになります。IDisposableインターフェイスには次のメソッド1つだけが含まれています。

```
public interface IDisposable
{
    void Dispose();
}
```

IDisposable.Dispose()メソッド中で行うべき処理は次の4つです。

1. すべての非マネージリソースの解放。
2. すべてのマネージリソースの解放（イベントの解除も含む）。
3. オブジェクトが破棄済みであることを示すフラグの設定。もしオブジェクトの破棄が完了した後に何らかのpublicメンバが呼び出された場合、このフラグを確認してObjectDisposedExceptionをスローすること。
4. ファイナライゼーションが行われないよう、GC.SuppressFinalize(this)を呼び出すこと。

IDisposableインターフェイスを実装することにより、型の保持するマネージリソースをその型の使用者が適切なタイミングで解放できるようになるほか、非マネージリソースを解放するための適切な方法を提供していることにもなります。さらに大きな利点として、型にIDisposableインターフェイスを実装することにより、型の使用者はそのオブジェクトの破棄にかかるコストを回避できるようになります。独自に作成した型が.NETの一員としてふさわしい振る舞いをするようになるわけです。

ところがまだ気を付けるべき点が残っています。派生クラスにおけるリソースはどのように解放すればよいのでしょうか？また、その際に親クラスのリソースも併せて解放できるのでしょうか？派生クラスにおいてファイナライザやIDisposableをオーバーライドする場合、それらのメソッド中では必ず親のメソッドを呼ぶようにします。そうしなければ親クラスの保持するリソースを適切に解放できないことに注意してください。また、ファイナライザとIDisposableは部分的には同じ役割を果たすため、それぞれに重複したコードを書くことになるかもしれません。インターフェイスメソッドのオーバーライドは開発者が期待するような動作にならないことがあることに注意してください。インターフェイスメソッドは基本的には仮想メソッドではありません。この問題についてはまた別途説明します。Disposeパターンの3番目として、共通する処理をprotected virtualヘルパメソッドとして用意することにより、派生クラスにおいて確保したリソースを解放するためのフックを追加できるようにする方法もあります。親クラスではIDisposableインターフェイスの実装やファイナライザの定義など、主要な実装を行っておきます。そしてDispose()やファイナライザに相当する次のよ

うな仮想メソッドを用意して、派生クラスのリソース解放処理ができるようにします。

```
protected virtual void Dispose(bool isDisposing)
```

このオーバーロードメソッドでは、`Dispose()`やファイナライザをサポートするために必要な処理を行います。また、このメソッドは`virtual`であるため、派生クラスにおけるリソース解放処理のエントリーポイントにもなります。派生クラスではこのメソッドをオーバーライドして、派生クラス内で使用していたリソースの解放処理を行い、親クラスの同メソッドを呼び出すようにします。メソッド中では、引数`isDisposing`が`true`の場合にマネージ、非マネージリソース両方の解放処理を行い、`false`の場合には、非マネージリソースの解放だけを行います。いずれの場合においても、処理の終了時には親クラスの実装を呼んで、全体のリソースを解放できるようにします。

以下のコードは、ここで説明したパターンを具体的に実装したものです。`MyResourceHog`クラスは`IDisposable`と`virtual Dispose`メソッドを実装しています。

```csharp
public class MyResourceHog : IDisposable
{
    // すでに破棄済みかどうかを表すフラグ
    private bool alreadyDisposed = false;

    // IDisposableの実装
    // virtual Disposeを呼ぶ他にファイナライゼーションを抑制する
    public void Dispose()
    {
        Dispose(true);
        GC.SuppressFinalize(this);
    }

    // virtual Disposeメソッド
    protected virtual void Dispose(bool isDisposing)
    {
        // 2回以上は破棄処理を行わないようにする
        if (alreadyDisposed)
            return;

        if (isDisposing)
        {
            // 省略。この位置でマネージリソースを解放する
        }
        // 省略。この位置で非マネージリソースを解放する

        // 破棄済みフラグを設定
        alreadyDisposed = true;
    }

    public void ExampleMethod()
    {
```

```
            if (alreadyDisposed)
                throw new ObjectDisposedException(
                    "MyResourceHog",
                    "破棄済みのオブジェクトでExampleMethodが呼ばれました");

            // その他のコードは省略
        }
    }
```

派生クラスにおいてさらに後処理が必要な場合には、Disposeメソッドをオーバーライドします。

```
public class DerivedResourceHog : MyResourceHog
{
    // 派生クラス固有の破棄フラグを用意する
    private bool disposed = false;

    protected override void Dispose(bool isDisposing)
    {
        // 2回以上は破棄処理を行わないようにする
        if (disposed)
            return;

        if (isDisposing)
        {
            // TODO: この位置でマネージリソースを解放する
        }
        // TODO: この位置で非マネージリソースを解放する

        // 親クラスにリソースを解放させる
        // GC.SuppressFinalize( ) の呼び出しは親クラスに任せる
        base.Dispose(isDisposing);

        // 破棄済みフラグを設定する
        disposed = true;
    }
}
```

　親クラスと派生クラスのそれぞれに破棄済みフラグが用意されていることに気づいたかと思いますが、これは単なる防衛策の1つです。フラグをそれぞれのクラスに用意することで、オブジェクトの破棄に失敗した場合でも、オブジェクトを構成するクラス全体の破棄失敗ではなく、一部のクラスにおける破棄の失敗として押さえ込むことができます。

　また、Disposeおよびファイナライザを安全に実装することも重要です。これらのメソッドには同等の機能を実装する必要があります。Dispose()は複数回呼ばれる場合がありますが、ちょうど1回しか呼ばれなかった場合と同じ挙動となるように実装すべきです。オブジェクトの破棄は不特定な順序で発生するため、クラスのDispose()メソッドが呼び出された時点で、すでにクラスのメンバオブジェクトが破棄済みになっているということも起こり得ます。しか

しDispose()メソッドは複数回呼ぶこともできるわけなので、このような状況を問題視すべきではありません。Dispose()メソッドに対しては、破棄済みのオブジェクトにおいてpublicメンバを呼び出した場合にObjectDisposedExceptionをスローすべきという規則を適用させないようにします。もしもすでに破棄済みのオブジェクトに対してDispose()が呼ばれた場合には、何も行わないようにします。参照型のオブジェクトが破棄される場合、あるいは初期化されていないオブジェクトであっても、ファイナライザが実行されることがあります。クラスが参照しているオブジェクトについてはメモリ上に残されているため、null参照かどうかを確認する必要はありません。しかしクラスが参照しているオブジェクトのDispose()がすでに呼ばれている可能性はあります。同様に、すでにファイナライザが呼ばれてしまっている可能性もあります。

　MyResourceHogとDerivedResourceHogは、いずれもファイナライザを含んでいないことに気づくかもしれません。例として示したコードでは非マネージリソースを直接扱っていないため、ファイナライザは必要ありません。これはDispose(false)が決して呼ばれないということを意味します。これが正しいパターンなのです。独自のクラスが非マネージリソースを直接含まないならば、ファイナライザは実装すべきではありません。直接的に非マネージリソースを含むクラスだけがファイナライザを実装するようにして、オーバーヘッドを最小限にするべきです。決して呼び出されることがないとしても、ファイナライザの存在は型に比較的大きなペナルティを生じさせるからです。ですから、ファイナライザが必要でないならば、追加してはいけません。しかし、派生クラスが非マネージリソースを追加した場合にはファイナライザを足し、Dispose(bool)を実装して非マネージリソースが適切に扱えるように、正しいパターンで独自の型を実装しておかなくてはなりません。

　以上からもわかる通り、オブジェクトの破棄あるいは後処理を行うメソッドに最も推奨されるのは、ただリソースの解放処理だけを行うということです。それ以外の処理を行うべきではありません。Dispose()やファイナライザメソッド中でリソース解放以外の処理を行おうとした場合には、オブジェクトの生存期間に関する複雑な問題に悩まされることになるでしょう。オブジェクトはコンストラクタが呼ばれた時点で生み出されて、ガベージコレクタによって回収されるまで生き続けます。プログラムから参照されなくなったオブジェクトは、いわゆる昏睡状態になったものとみなすことができます。オブジェクトにたどり着くことができなければ、そのオブジェクトが持つメソッドを呼び出すこともできません。そうするといよいよそのオブジェクトは死去したものとみなすことができます。ところがファイナライザを持つオブジェクトの場合、完全に死去する直前に息を吹き返すことがあります。ファイナライザ中では非マネージリソースに対する後処理だけを行うようにすべきです。ファイナライザがどうにかしてオブジェクトを再び参照可能な状態にした場合には、そのオブジェクトは「復活」します。しかしそのオブジェクトは昏睡状態から復帰して生きているとはいえ、決して正常な状態ではありません。次のような恣意的な例を紹介しましょう。

## 項目17　標準的なDisposeパターンを実装する

```csharp
public class BadClass
{
    // グローバルオブジェクトの参照を保持
    private static readonly List<BadClass> finalizedList =
        new List<BadClass>();
    private string msg;

    public BadClass(string msg)
    {
        // 参照をキャッシュ
        msg = (string)msg.Clone();
    }

    ~BadClass()
    {
        // オブジェクト自身をリストに追加
        // このオブジェクトは到達可能になるため、ガベージではなくなる
        // つまり復活します!
        finalizedList.Add(this);
    }
}
```

BadClassのファイナライザが呼ばれると、グローバルに参照されているリストへ自身の参照を追加します。そのため、オブジェクトは到達可能な状態となり、再び生存状態になるのです! しかしこうして蘇ったオブジェクトには数多くの問題が残るため、型の使用者を戸惑わせることになるでしょう。オブジェクトはすでに破棄されたはずなので、ガベージコレクタは再度ファイナライザを呼ぶ必要はないものとみなします。実際にはこの復活したオブジェクトに対してファイナライザを呼ぶ必要があったとしても、それが再び呼ばれることはないのです。また、リソースの一部は利用できなくなっている可能性があることにも注意が必要です。GCはファイナライザキューに追加されたオブジェクトからしか参照されないオブジェクトであったとしても、参照されている限りはメモリ上から削除することはありません。しかしすでにファイナライザが呼び出されてしまっている可能性は十分にあります。もしもファイナライザが呼ばれていた場合、そのオブジェクトはほぼ確実に使用できません。BadClassのメンバがメモリ上に残っていると言っても、それらはほとんど後処理が済んだ状態になっていることでしょう。すでに説明した通り、ファイナライゼーションの順序を制御する機能はサポートされません。そのため、この例のような方法に頼ったコードを書くべきではないのです。決して試すことがないよう注意してください。

筆者は学術研究を目的とする場合を除けば、この例で紹介したような方法でオブジェクトを再生させるコードを見たことがありません。しかしファイナライザで何かしらの処理を行ってしまっているために、結果としてオブジェクトへの参照を保持してしまい、オブジェクトの生存期間をむやみに延長させてしまうようなコードであれば見たことがあります。ここから得られる教訓として、ファイナライザ、あるいはファイナライザとDisposeの両方に含まれるすべてのコードには最大限の注意を払うべきだということがわかります。もしもそれらのメソッド

がリソースの解放以外の処理を行っているようであれば、実装を再検討すべきです。メソッド中に実装されたリソースの解放以外の処理コードは将来的にバグを生む可能性が大きいため、該当のコードを削除して、リソースの解放だけを行うようにすべきです。

　マネージ環境では、作成する型すべてにファイナライザを実装する必要はありません。非マネージ型を保持する型、あるいは IDisposable をメンバに含む型においてのみ実装すれば十分です。ファイナライザが不要で、IDisposable インターフェイスだけを実装すればよい状況であったとしても、この項目で説明したパターンを完全に実装すべきです。もしもこのパターンを適用しないのであれば、派生クラスに Dispose パターンを適用することが難しくなります。これまでに本書で紹介した標準的な Dispose パターンを適用してください。このパターンはクラスの開発者だけでなく、クラスの使用者や、クラスから派生クラスを作成する場合のいずれにおいても役に立つものです。

# 第3章　ジェネリックによる処理

　一部の記事や論文からすると、C#のジェネリックはコレクションと組み合わせる場合においてのみ有用だと考えられているようです。これは正しくありません。ジェネリックが役立つ場面は多々あります。ジェネリックを使用してインターフェイスを作成したり、イベントハンドラを作成したり、一般的なアルゴリズムを作成したりすることができます。

　他にも、C#のジェネリックとC++のテンプレートを比較するような議論も多くありますが、それらはいずれもどちらの方が他方よりも優れているというような内容です。C#のジェネリックとC++のテンプレートを比較することにより、文法の理解が進みはしますが、それ以上の役には立ちません。C++のテンプレートにとって便利なイディオムもあれば、C#のジェネリックにとって便利なものもあります。項目19でも説明しますが、どちらが「より優れている」のかを決めるという行為は、かえって理解の邪魔にしかなりません。ジェネリックをサポートできるようにするには、C#コンパイラやJust-In-Time（JIT：ジット）コンパイラ、共通言語ランタイム（Common Language Runtime：CLR）それぞれに変更を加える必要がありました。C#コンパイラはC#コードを入力として受け取り、それを元にしてジェネリック型に対するMicrosoft中間言語（Microsoft Intermediate Language：MSILあるいは単にILとも言う）の定義を作成します。一方、JITコンパイラはジェネリック型の定義と、一連の型引数を組み合わせて、クローズジェネリック型を作成します。CLRは実行時において、これらの両方をサポートする役割を果たします。

　ジェネリック型を定義することには利点と欠点の両方があります。特定のコードをジェネリック型として置き換えると、実行ファイルのサイズが小さくなることがあります。しかし逆に大きくなることもあります。ジェネリックコードを使用することによるファイルサイズの増減は、特定の型パラメータを使用しているかどうか、ならびにクローズジェネリック型を作成した数に依存します。

　ジェネリッククラスの定義は、ILの型として完全にコンパイルされます。ジェネリッククラスを含むコードは、使用される可能性のある、あらゆる型引数に対して正しいコードとならなければいけません。ジェネリックな定義はジェネリック型定義と呼ばれます。すべての型引数が指定されている、特定のジェネリック型のインスタンスは、クローズジェネリック型と呼ば

れます(一部の型引数が未指定のものはオープンジェネリック型と呼ばれます)。

ILにおけるジェネリック型は、実際の型が部分的に定義されたものになります。ILには、完全なジェネリック型のインスタンスを作成するためのプレースホルダが含まれます。JITコンパイラは、実行時においてクローズジェネリック型のインスタンスを作成するマシンコードを生成する時点で、完全に定義された型を用意します。この挙動からもわかるように、複数のクローズジェネリック型を用意するために必要なコード量が増加することと、データを確保するために必要な時間と空間が減少することとの間にトレードオフがあります。

この処理は、ジェネリックかどうかに関わらず、作成したすべての型に対して行われます。非ジェネリック型の場合、クラスに対するILコードと、生成されるマシンコードは一対一に対応します。ジェネリックの場合、この翻訳作業時にいくつか妙手が追加されています。ジェネリック型がJITコンパイルされると、JITコンパイラは型引数を確認して、型引数に応じた特別な命令を実行します。JITコンパイラは、異なる型引数であっても同じマシンコードとなるよう、非常に多くの最適化を行います。まず最初に、JITコンパイラはすべての参照型に通用するようなマシン語バージョンのジェネリック型を作成します。

以下のコードはいずれも、実行時には同じコードとなります。

```
List<string> stringList = new List<string>();
List<Stream> OpenFiles = new List<Stream>();
List<MyClassType> anotherList = new List<MyClassType>();
```

C#コンパイラはコンパイル時に型の安全性をチェックしているため、JITコンパイラは対象とする型が正しいものだという前提の上で、より最適化されたバージョンのマシンコードを生成できます。

型引数に1つ以上の値型が使用されているクローズジェネリック型の場合、異なる規則が適用されます。値型の型引数の場合、JITコンパイラは型引数が異なるジェネリック型それぞれに対して、それぞれ異なるマシン命令を生成します。したがって、以下の3つのクローズジェネリック型はいずれも異なるマシンコードになります。

```
List<double> doubleList = new List<double>();
List<int> markers = new List<int>();
List<MyStruct> values = new List<MyStruct>();
```

この挙動は興味深いものですが、どうしてこの違いを意識しなければいけないのでしょうか? 複数の異なる参照型を型引数に取るジェネリック型の場合、メモリフットプリントに影響を与えません。JITコンパイルされたすべてのコードは共有されます。しかし値型を型引数に取るクローズジェネリック型の場合、JITコンパイルされたコードを共有できません。これがどのような影響を与えることになるのか、もう少し詳しく説明していきましょう。

ランタイムがジェネリック型あるいはジェネリックメソッドの定義をJITコンパイルする必

要があり、かつ型引数に値型が指定されている場合、2つの処理が実行されます。まず、クローズジェネリック型を表す新しいILクラスが作成されます。簡単に言えば、ランタイムはジェネリック型あるいはジェネリックメソッドにあるTをint型あるいはその他の自明な値型で置き換えるということです。それが終わると、必要となるコードをx86命令としてJITコンパイルします。JITコンパイラはロードが完了した時点ですべてのクラスに対するx86コードを生成するわけではなく、初回呼び出し時にのみ各メソッドがJITコンパイルされるため、こうした2つの手順が必要になります。したがって、ILコードブロック単位で処理を行い、その後は通常のクラス定義と同様の方法でILをJITコンパイルするという方法は理にかなったものだと言えます。

この方法に従うと、値型を使用するクローズジェネリック型それぞれに対して1つ、クローズジェネリック型において型引数をそれぞれ異なる値型として呼び出すメソッドに対するマシンコードそれぞれに対して1つという、コピーが余計に作られることになるため、実行時においてメモリフットプリントにかかるコストが増加することになります。

しかしジェネリック型で値型の型引数を使用することには利点もあります。値型のボックス化とボックス化解除を回避できるため、値型に対するコード量およびデータ量を小さくすることができます。さらに、コンパイラが型を強制できるようになるため、実行時のチェックが減り、コードベースも小さくなることでパフォーマンスの向上も見込めます。また、項目25で説明しますが、ジェネリッククラスではなく、ジェネリックメソッドを作成することで、インスタンスそれぞれに対して作成される余計なILコードの量を抑えることができるようになります。これらのメソッドは、実際にインスタンスが参照される場合にのみ生成されます。非ジェネリッククラスで定義されたジェネリックメソッドはJITコンパイルされません。

本章では、ジェネリックをさまざまな場面で活用する方法、ジェネリック型やジェネリックメソッドを使用することで有用なコンポーネントを素早く作成する方法について説明します。

## 項目18　最低限必須となる制約を常に定義すること

型引数に対する制約（constraint）を指定することにより、そのクラスが処理を実行するために必要とする挙動が、型引数に指定する型においてサポートされていることを強制できます。いずれか1つでも制約を満たさない型であれば、その型に対しては機能しません。課されたすべての制約を満たすためにかかるコストと、その型の使用者の代わりに行う作業量とのバランスを取ることになります。どちらが正しい選択となるのかはタスクによって異なりますが、どちらかに著しく偏っているのであれば、それは間違いです。制約を何も指定しない場合、実行時には多くのチェックを実行しなければいけません。場合によってはリフレクションを使用しつつ何度もキャストを実行するため、使用者が型を誤用した場合には多くのランタイムエラーが発生することになるでしょう。不要な制約を指定してしまうと、クラスの使用者に余計な作業を強いることになります。最終的には、必要最低限となるような制約を指定すべきです。

制約を使用することによって、コンパイラは`System.Object`に定義された公開インターフェイスを越えた機能を型引数に期待できるようになります。ジェネリック型を作成すると、C#コンパイラはそのジェネリック型にとって妥当なILを生成しなければいけません。その際、型引数に指定され得る型に対して限定的な知識しか持たない状態にも関わらず、コンパイラは妥当なアセンブリを生成することになります。開発者から何も指示が出されていなければ、コンパイラは対象の型が最も基本的な型としての機能、すなわち`System.Object`に定義されたメソッドしか備えていないものとして処理をしなければいけません。コンパイラはその型に対して、それ以外の機能を期待することができません。コンパイラとしては、`System.Object`から派生した型であるということだけしか把握していません（これはつまり、型引数にポインタを使用するようなアンセーフジェネリックコードを作成できないということです）。`System.Object`の機能に限定されるということは、非常に大きな制限です。コンパイラは`System.Object`に定義されていないあらゆる機能に対してエラーを通知することになります。その中には引数を取るコンストラクタだけを定義した場合には隠される、`new T()`のような基本的な機能も含まれます。

制約を指定することによって、ジェネリック型が想定する機能を（コンパイラと開発者の両方に対して）伝えることができます。制約により、コンパイラが`System.Object`の公開インターフェイス以外の機能を認識できるようになります。これはコンパイラにとって2つの利点があります。まず、ジェネリック型を作成する際に役立ちます。コンパイラは、ジェネリック型引数に指定された型が、指定された制約を満たす機能を備えているかどうか確認します。次に、ジェネリック型を使用する際に、指定された型引数が制約を満たすかどうかをコンパイラが確認できるようになります。型引数には構造体であること（`struct`）、あるいはクラスであること（`class`）という制約を指定できます。また、実装すべきインターフェイスを0個以上指定できます。クラスであることを暗に課しますが、基底クラスを制約することもできます。

キャストや実行時のテストを自分で実装することもできます。たとえば、以下のジェネリックメソッドではTに対して何も制約を指定していないため、`IComparable<T>`のメソッドを呼び出す前に、このインターフェイスが実装されているかどうかをチェックする必要があります。

```
public static bool AreEqual<T>(T left, T right)
{
    if (left == null)
        return right == null;
    if (left is IComparable<T>)
    {
        IComparable<T> lval = left as IComparable<T>;
        if (right is IComparable<T>)
            return lval.CompareTo(right) == 0;
        else
            throw new ArgumentException(
                "IComparable<T> が実装されていない型です",
                nameof(right));
```

```
    }
    else // 失敗
    {
        throw new ArgumentException(
            "IComparable<T> が実装されていない型です",
            nameof(left));
    }
}
```

TがIComparable<T>を実装しているという制約を指定すると、かなり単純化して実装できます。

```
public static bool AreEqual2<T>(T left, T right)
    where T : IComparable<T> =>
        left.CompareTo(right) == 0;
```

このバージョンでは実行時エラーをコンパイル時エラーとなるようにしています。コードの量も減り、1つ目のバージョンでは起こっていたような実行時エラーをコンパイラが防ぐことができるようになります。制約を指定しない場合、明らかにプログラマのミスだというエラーを知る機会を失うことになります。ジェネリック型には、必要となる制約を常に指定すべきです。制約の指定がない場合、簡単に型が誤用され、利用者の予想が外れた場合には例外や実行時エラーが発生することになります。クラスを使用する側としては、クラスに対するドキュメントを読むことでしかその用法を把握できません。開発者の皆さんであれば、身に覚えがあるのではないでしょうか。制約を使用すると、クラスが想定する機能をコンパイラによって強制できるようになります。それにより、実行時エラーと誤用の両方を最小限に抑えられます。

しかし制約を定義しすぎるということも簡単に起こります。ジェネリック型引数に多数の制約を指定するほど、利用者からあまり利用されなくなることでしょう。ジェネリック型引数に制約を指定することは必須ですが、指定する個数を最小限に抑えることも同じく必要です。

制約の個数を最小にする方法はいくつかあります。最も一般的なものは、制約なしでも利用可能な機能であれば、それを制約とはしない方法です。IEquatable<T>を例としましょう。これは型を作成する際に実装される一般的なインターフェイスのうちの1つです。先ほどのAreEqualメソッドはEqualsで書き換えられます。

```
public static bool AreEqual<T>(T left, T right) =>
    left.Equals(right);
```

このAreEqualバージョンの興味深い点は、AreEqual<T>()がIEquatable<T>制約を指定したジェネリッククラス内で定義されていた場合、IEquatable<T>.Equalsが呼び出されることになる点です。その他のクラス内の場合、コンパイラはIEquatable<T>であるという前提を利用できません。利用可能なEquals()メソッドはSystem.Object.Equals()だけです。

ここにC#のジェネリックとC++のテンプレートの違いが表れています。C#の場合、制約として指定された情報だけからILを生成しなければいけません。型のインスタンスとしてはより適切なメソッドが利用できるとしても、ジェネリック型がコンパイルされる時点で制約として指定されていなければ、そのメソッドは使用できません。

IEquatable<T>が型で定義されているのであれば、それを利用して同値性をチェックした方がよいでしょう。System.Object.Equals()をオーバーライドして実行時テストを行うことは避けるべきです。ジェネリック型の型引数に値型が使用されている場合、ボックス化とボックス化解除を避けるべきです。パフォーマンスが重要な場面であれば、IEquatable<T>を使用することにより、仮想メソッドの呼び出しによるオーバーヘッドも回避できます。

以上のことから、使用者側でIEquatable<T>が実装されていることを期待するのは妥当だと言えます。しかしこれは制約の要求度合いを引き上げるものでしょうか? System.Object.Equalsメソッドが若干非効率とはいえ、十分機能する状態であったとしても、使用者側では常にIEquatable<T>を実装しなければならないのでしょうか? 希望としては、適切なメソッド（IEquatable<T>）が利用できるのであればそれを使用し、利用できないのであれば自動的に次の候補（Equals()）を使用するようにしたいところです。これはサポートする機能ごとに、内部でオーバーロードメソッドを用意することで対応できます。本質的には、この項目で一番最初に例示したAreEqual()メソッドが該当します。この方法では追加の作業が必要になりますが、使用者側にさらなる作業をさせることなく、型引数に指定された型が備える機能を確認したり、最適なインターフェイスを使用したりする方法を以降で説明していきます。

制約を指定すると、クラスの使用方法を制限することになるため、特定のインターフェイスや親クラスの有無を制約とせずに確認しなければいけないことがあります。その場合、型引数が追加の機能をサポートしているかどうか確認するようにメソッドを実装することになりますが、場合によっては追加機能が利用できない場合もあります。これはIEquatable<T>とIComparable<T>の違いとして設計されています。

このテクニックはIEnumerableとIEnumerable<T>のような、ジェネリックと非ジェネリック間でも利用できます。

もう1つ注意すべきポイントとして、デフォルトコンストラクタ制約については注意して採用すべきです。newを呼び出す代わりにdefault()を使用することにより、new()制約を置き換えることができる場合があります。default()は型のデフォルト値を生成できる演算子です。この演算子を呼び出すと、値型の場合には0初期化された値、参照型の場合にはnull値が返されます。したがって、new()をdefault()に置き換える場合には、クラスあるいは値型の制約を追加することになります。なお参照型の場合、default()がnew()とは意味論的にまったく異なることに注意してください。

型引数で指定された型を持つオブジェクトに対して、デフォルト値を設定するためにジェネリッククラスでdefault()を呼ぶこともよくあります。次のメソッドは、特定の条件に一致する最初のオブジェクトを返すメソッドです。該当するものが見つかれば、そのオブジェクト

が返されますが、見つからなかった場合にはデフォルト値が返されます。

```
public static T FirstOrDefault<T>(this IEnumerable<T> sequence,
    Predicate<T> test)
{
    foreach (T value in sequence)
        if (test(value))
            return value;
    return default(T);
}
```

次のメソッドと比べてみてください。こちらはT型のオブジェクトを作成するファクトリメソッドをラップしたメソッドになっています。ファクトリメソッドがnullを返した場合、デフォルトコンストラクタを呼び出して得られる値を返り値としています。

```
public delegate T FactoryFunc<T>();
public static T Factory<T>(FactoryFunc<T> makeANewT)
    where T : new()
{
    T rVal = makeANewT();
    if (rVal == null)
        return new T();
    else
        return rVal;
}
```

default()を使用するメソッドには制約が不要です。new T()を呼ぶメソッドではnew制約を指定する必要があります。また、nullチェックをしているために、値型と参照型でそれぞれ大きく異なる挙動となります。値型はnullになりません。そのため、if以下のコードは決して実行されません。Factory<T>は内部的にnull値をチェックしているものの、値型に対しても機能します。JITコンパイラはTが値型だった場合、(Tを特定の型として置き換えると同時に) nullをチェックするコードを削除します。

new制約やstruct制約、class制約を指定する場合には注意が必要です。先の例ではこれらの制約を指定することによって、オブジェクトの作成方法や、オブジェクトの初期値が0になるかnull参照になるか、ジェネリッククラス内で型引数のインスタンスを生成できるかといった機能が仮定できるようになっていました。理想的には、これらの制約は回避できるのであれば使用しないことが望ましいです。ジェネリック型にこれらの制約を指定する必要がある場合には十分に検討すべきです。たいていの場合、想定する機能(「new T()は呼ぶことができてしかるべき」)に対しては代替手段(たとえばdefault(T))が用意されているはずです。思い込みになっていないかどうか、よく確認するようにしてください。制約が本当に必要でない限り、指定しないようにすべきです。

ジェネリックメソッドや型の使用者に対して、想定する機能を伝達するためには制約を使用

します。しかし制約を多数指定するほど、その機能が使用しづらくなります。ジェネリック型を作成する場合の要点は、できる限り多くの場面で有効に機能するような型を定義することです。制約を指定することで得られる安全性と、制約に従うために必要となる追加の作業量とのバランスを取ることが必要です。前提条件を最小限に抑えつつ、本当に必要となる条件だけをすべて制約として指定します。

## 項目19　実行時の型チェックを使用してジェネリックアルゴリズムを特化する

　ジェネリックは新しい型引数を指定することで簡単に再利用できます。新しい型引数を指定したジェネリック型のインスタンスは同等の機能を備えた新しい型です。

　これはコードを追加する必要がないという点においては素晴らしいものです。しかしジェネリック型が汎用であることは、必ずしも特定のアルゴリズムにとって有用なことだとは限りません。C#言語ではこの問題も考慮されています。型引数がより多くの機能を備えている場合には、より効率的なアルゴリズムを効率的に実装できるということだけを認識していればよいでしょう。なお異なる制約が指定された2つ目のジェネリック型を作成したとしても、それが思う通りには機能しないこともある点に注意してください。ジェネリック型のインスタンスは、実行時の型ではなく、コンパイル時におけるオブジェクトの型を元にして生成されます。この点を誤解してしまうと、思うよりも効率的にならないという結果になります。

　たとえば一連の要素を逆順にして返すことができるようなクラスを作成しているとします。

```csharp
public sealed class ReverseEnumerable<T> : IEnumerable<T>
{
    private class ReverseEnumerator : IEnumerator<T>
    {
        int currentIndex;
        IList<T> collection;

        public ReverseEnumerator(IList<T> srcCollection)
        {
            collection = srcCollection;
            currentIndex = collection.Count;
        }

        // IEnumerator<T>メンバ
        public T Current => collection[currentIndex];

        // IDisposableメンバ
        public void Dispose()
        {
            // 実装コードはないが、IEnumerator<T>がIDisposableを
            // 実装しているため必要
            // このクラスはsealedなのでprotected版の
```

## 項目19　実行時の型チェックを使用してジェネリックアルゴリズムを特化する

```csharp
            // Dispose()を実装する必要はない
        }

        // IEnumeratorメンバ
        object System.Collections.IEnumerator.Current => this.Current;

        public bool MoveNext() => --currentIndex >= 0;
        public void Reset() => currentIndex = collection.Count;
    }

    IEnumerable<T> sourceSequence;
    IList<T> originalSequence;

    public ReverseEnumerable(IEnumerable<T> sequence)
    {
        sourceSequence = sequence;
    }

    // IEnumerable<T>メンバ
    public IEnumerator<T> GetEnumerator()
    {
        // 元のシーケンスをコピーし、逆順にできるようにする
        if (originalSequence == null)
        {
            originalSequence = new List<T>();
            foreach (T item in sourceSequence)
                originalSequence.Add(item);
        }
        return new ReverseEnumerator(originalSequence);
    }

    // IEnumerableメンバ
    System.Collections.IEnumerator
    System.Collections.IEnumerable.GetEnumerator() =>
        this.GetEnumerator();
}
```

　この実装では、最小限の情報だけを引数として受け取るようになっています。ReverseEnumerableのコンストラクタでは、引数がIEnumerable<T>をサポートしているという、ただそれだけを要求しています。IEnumerable<T>は要素に対するランダムアクセスをサポートしません。そのため、逆順に走査するには、ReverseEnumerator<T>.GetEnumerator()で実装しているような処理をすることになります。今回はコンストラクタが初めて呼ばれた時点で、入力されたシーケンスをすべて走査して、コピーを作成しています。そしてネストされたクラスによって要素を逆順に走査します。

　このコードは確かに機能するものです。実際、入力されたコレクションがランダムアクセスをサポートしない場合、逆順シーケンスを作成するためにはこの方法しかありません。たいていのコレクションクラスではランダムアクセスがサポートされているため、このコードはかなり性能の悪いものです。入力シーケンスがIList<T>をサポートしているのであれば、わざわ

79

## 第3章　ジェネリックによる処理

ざシーケンス全体をコピーする必要もありません。IEnumerable<T>を実装するクラスであれば、IList<T>も実装している場合が多く、その事実を利用すれば今回のコードをさらに改善できます。

変更すべき箇所はReverseEnumerable<T>のコンストラクタだけです。

```
public ReverseEnumerable(IEnumerable<T> sequence)
{
    sourceSequence = sequence;
    // シーケンスがIList<T>を実装していない場合、
    // originalSequenceはnullになるだけなので、
    // これで正しく動作する
    originalSequence = sequence as IList<T>;
}
```

IList<T>を受け取るような2つ目のコンストラクタを用意しないのは、なぜでしょうか？ その方がコンパイル時に引数がIList<T>であることを確認できます。しかしこれは場合によって機能しません。たとえばコンパイル時の型はIEnumerable<T>だけれども、実行時にはIList<T>を実装した型になっていることがあります。これらの状況にも対応できるようにするためには、実行時のチェックとコンパイル時のオーバーロード両方で対応する必要があります。

```
public ReverseEnumerable(IEnumerable<T> sequence)
{
    sourceSequence = sequence;
    // シーケンスがIList<T>を実装していない場合、
    // originalSequenceはnullになるだけなので、
    // これで正しく動作する
    originalSequence = sequence as IList<T>;
}

public ReverseEnumerable(IList<T> sequence)
{
    sourceSequence = sequence;
    originalSequence = sequence;
}
```

IList<T>であれば、IEnumerable<T>よりも効率的なアルゴリズムを利用できます。このクラスのコンストラクタにはそれ以上の機能を要求させていませんが、多くのコンストラクタを用意すれば、より多くの機能を利用できるようになるでしょう。

たいていの場合はこの変更で十分対応できるようになりますが、IList<T>なしでICollection<T>を実装するクラスもあります。これらに対してはまだ非効率な部分が残されます。ReverseEnumerable<T>.GetEnumerator()メソッドを再確認しましょう。

```
public IEnumerator<T> GetEnumerator()
{
```

## 項目19　実行時の型チェックを使用してジェネリックアルゴリズムを特化する

```
    // 元のシーケンスをコピーして、逆順にできるようにする
    if (originalSequence == null)
    {
        originalSequence = new List<T>();
        foreach (T item in sourceSequence)
            originalSequence.Add(item);
    }
    return new ReverseEnumerator(originalSequence);
}
```

　入力シーケンスのコピーを作成するコードは、ソースとなるコレクションがICollection<T>を実装している場合に効率が落ちます。以下のコードでは、Countプロパティを使用して最終的なストレージを初期化するようにしています。

```
public IEnumerator<T> GetEnumerator()
{
    // stringは特殊ケース
    if (sourceSequence is string)
    {
        // Tがコンパイル時にはcharでない場合があるため
        // キャストしていることに注意
        return new
            ReverseStringEnumerator(sourceSequence as string)
            as IEnumerator<T>;
    }
    // 元のシーケンスをコピーして、逆順にできるようにする
    if (originalSequence == null)
    {
        if (sourceSequence is ICollection<T>)
        {
            ICollection<T> source =
                sourceSequence as ICollection<T>;
            originalSequence = new List<T>(source.Count);
        }
        else
            originalSequence = new List<T>();
        foreach (T item in sourceSequence)
            originalSequence.Add(item);
    }
    return new ReverseEnumerator(originalSequence);
}
```

　このコードは入力シーケンスからリストを作成するList<T>のコンストラクタと似ています。

```
List<T>(IEnumerable<T> inputSequence);
```

　話を先に進める前に、1点だけ注意があります。ReverseEnumerable<T>で行っているチェックはいずれも、実行時の引数に対するチェックだけです。これはつまり、追加の機能の

有無を確認するためには、実行時にコストがかかるということです。たいていの場合、実行時のテストにかかるコストは要素のコピーに比べると遥かに小さいものです。

以上でReverseEnumerable<T>の説明が終わったと思うかもしれません。しかしもう1つ、stringクラスと組み合わせた場合の説明が残っています。stringクラスではIList<char>のように、文字にランダムアクセスする機能がサポートされていますが、IList<char>インターフェイスを実装しているわけではありません。ジェネリッククラスの中で限定的な機能を使用するには、より限定的なコードを用意する必要があります。ReverseEnumerable<T>のネストクラスであるReverseStringEnumerator（以下を参照）は直感的なものです。コンストラクタでは文字列のLengthプロパティを使用していること、ならびにその他のメソッドはReverseEnumeratorクラスとほとんど同じだということに注意してください。

```csharp
private sealed class ReverseStringEnumerator :
    IEnumerator<char>
{
    private string sourceSequence;
    private int currentIndex;

    public ReverseStringEnumerator(string source)
    {
        sourceSequence = source;
        currentIndex = source.Length;
    }

    // IEnumerator<char>メンバ
    public char Current => sourceSequence[currentIndex];

    // IDisposableメンバ
    public void Dispose()
    {
        // 実装コードはないものの、
        // IEnumerator<T> がIDisposableを実装するため必須
    }

    // IEnumeratorメンバ
    object System.Collections.IEnumerator.Current
        => sourceSequence[currentIndex];

    public bool MoveNext() => --currentIndex >= 0;

    public void Reset() => currentIndex = sourceSequence.Length;
}
```

特定の実装を完成させるには、ReverseEnumerable<T>.GetEnumerator()メソッドで型を確認して、特定のenumerator型を作成する必要があります。

## 項目19　実行時の型チェックを使用してジェネリックアルゴリズムを特化する

```csharp
public IEnumerator<T> GetEnumerator()
{
    // stringは特殊ケース
    if (sourceSequence is string)
    {
        // Tがコンパイル時にはcharでない場合があるため
        // キャストしていることに注意
        return new ReverseStringEnumerator(sourceSequence as string)
            as IEnumerator<T>;
    }
    // 元のシーケンスをコピーして、逆順にできるようにする
    if (originalSequence == null)
    {
        if (sourceSequence is ICollection<T>)
        {
            ICollection<T> source = sourceSequence as ICollection<T>;
            originalSequence = new List<T>(source.Count);
        }
        else
            originalSequence = new List<T>();
        foreach (T item in sourceSequence)
            originalSequence.Add(item);
    }
    return new ReverseEnumerator(originalSequence);
}
```

先の場合と同じく、特定の型に特化した実装をジェネリッククラスの内部に隠蔽することが目標です。stringクラスに特化させる場合、まったく独立した内部クラスを実装する必要があるため、それなりの作業が必要になります。

また、GetEnumerator()ではReverseStringEnumeratorを使用する際に、キャストを実行していることに気がついたことでしょう。コンパイル時におけるTは任意の型であるため、Tがcharではない場合もあります。シーケンスが文字列で、必然的にTがcharである場合だけコードが実行されるようになっているため、キャスト自体は安全に実行できます。これで公開インターフェイスの邪魔をすることなく、実装をクラスの内側に隠すことができました。今回の例からもわかるように、ジェネリック型だからと言って、コンパイラが把握している以上の機能を利用しようとする状況がなくなるわけではありません。

この小さなコードでは、制約を最小限に抑えつつ、型引数がさらなる機能をサポートする場合にはその機能を優先して使用するようなコードを作成することができました。

このようにすることで、再利用性を最大限に高めつつ、特定のアルゴリズムに最適なコードを作成できるようになります。

## 項目20　IComparable<T>とIComparer<T>により順序関係を実装する

　コレクションをソートしたり、コレクション内を検索するためには、型に順序関係を定義する必要があります。.NETでは、順序関係を定義するためにIComparable<T>とIComparer<T>という2つのインターフェイスが用意されています。IComparable<T>は自然な順序を型に定義できます。IComparerを実装することによって、異なる順序を定義する型を作成できます。独自の関係演算子（<、>、<=、>=）を定義することにより、インターフェイスを定義することによる実行時の性能低下を回避しつつ、型に固有の比較処理を実行できるようになります。この項目では、順序関係の実装方法を説明します。それにより、.NET Frameworkのコア機能が独自の型をインターフェイス経由で並び替えられるようになったり、順序に関係する操作を実行した場合に最大のパフォーマンスが得られるようになったりします。

　IComparableインターフェイスにはCompareTo()というメソッドだけが定義されています。このメソッドはC言語の標準ライブラリにある**strcmp**関数から続く長い伝統を引き継いでいて、オブジェクトが他方よりも小さい場合には0より小さい値、等しい場合には0、大きい場合には0より大きい値を返すようにします。IComparable<T>は.NETの新しめのAPIで使用されているインターフェイスです。しかし一部のAPIでは依然としてIComparableインターフェイスが使用されています。したがって、IComparable<T>を実装する場合にはIComparableも併せて実装すべきです。IComparableはSystem.Object型の引数を取ります。そのため、メソッドの引数に指定された値に対して、実行時の型チェックを行う必要があります。比較が行われるたびに、引数の型を解釈し直さなければいけません。

```
public struct Customer : IComparable<Customer>, IComparable
{
    private readonly string name;

    public Customer(string name)
    {
        this.name = name;
    }

    // IComparable<Customer>メンバ
    public int CompareTo(Customer other) => name.CompareTo(other.name);

    // IComparableメンバ
    int IComparable.CompareTo(object obj)
    {
        if (!(obj is Customer))
            throw new ArgumentException("引数はCustomer型ではありません", "obj");
        Customer otherCustomer = (Customer)obj;
        return this.CompareTo(otherCustomer);
    }
}
```

## 項目20　IComparable<T>とIComparer<T>により順序関係を実装する

　この構造体では、IComparableを明示的に実装していることに注意してください。このようにすることで、object型の引数を取るCompareTo()を呼び出したい場合にのみ、古いバージョンのインターフェイスを使用するようコードを記述できます。古いバージョンのインターフェイスを避ける理由は多数あります。まず、実行時における引数の型を自分でチェックしなければいけません。使用する側としても、CompareToメソッドの引数にあらゆるものが指定できるため、間違ったコードを記述できてしまいます。さらに、一部の引数においてはボックス化とボックス化解除を行ってから比較をすることになります。これは比較を実行するたびに余計なコストがかかることを意味します。一般的に、コレクションをソートするにはIComparable.Compareをおよそ$n\log(n)$回呼び出して比較が行われます。1回の呼び出しで3回のボックス化とボックス化解除が行われます。したがって、1,000個の要素を含んだ配列の場合、$n\log(n)$がおよそ7,000で、それぞれに3回のボックス化およびボックス化解除が行われるので、合計20,000回以上の処理が繰り返されることになります。

　それでは、なぜIComparableインターフェイスを実装する必要があるのでしょうか。2つの理由があります。まず、単に後方互換性のためです。かなり古いバージョンになっているとはいえ、.NET 2.0以前のコードで型が使用されることもあるでしょう。また、(Win FormやASP.NET Web Formなど)一部のBCL(Base Class Library)では、1.0当時の実装との互換性が要求されます。これが非ジェネリック版のインターフェイスをサポートしなければいけない2つ目の理由です。

　上のコードでは、IComparable.CompareTo()はインターフェイスが明示的に実装されているため、IComparableインターフェイスの参照を経由しなければ呼び出すことができません。したがって、Customer構造体の使用者はタイプセーフな比較が可能ですが、タイプセーフではない比較メソッドはそのままでは呼び出すことができません。

　以下のようなミスは起こらなくなります。

```
Customer c1;
Employee e1;
if (c1.CompareTo(e1) > 0)
    Console.WriteLine("1つ目のCustomerの方が大");
```

　Customer.CompareTo(Customer right)メソッドのシグネチャに一致しないため、このコードはコンパイルできません。また、このコードではIComparable.CompareTo(object right)にアクセスできません。IComparableのメソッドを呼び出すためには、明示的にインターフェイスの参照を経由する必要があります。

```
Customer c1;
Employee e1;
if (((IComparable)c1).CompareTo(e1) > 0)
    Console.WriteLine("1つ目のCustomerの方が大");
```

IComparableを実装する場合、このようにインターフェイスを明示的に実装し、強く型付けされたオーバーロードを用意すべきです。そうすることによって、パフォーマンスを改善できるだけでなく、CompareToを誤用されることもなくなります。.NET Frameworkで使用されているSortメソッドでは依然としてインターフェイス経由でCompareTo()メソッドが呼び出されるようになっているため、この利点が確認できないでしょう。しかし比較対象の両方の型が決められているコードであれば、パフォーマンスの改善が見込めます。

　最後に、Customer構造体にわずかな変更を加えることにします。C#言語では標準的な関係演算子をオーバーロードできるようになっています。この演算子を実装する場合には、タイプセーフなCompareTo()メソッドを使用すべきです。

```csharp
public struct Customer : IComparable<Customer>, IComparable
{
    private readonly string name;

    public Customer(string name)
    {
        this.name = name;
    }

    // IComparable<Customer>メンバ
    public int CompareTo(Customer other) =>
        name.CompareTo(other.name);

    // IComparableメンバ
    int IComparable.CompareTo(object obj)
    {
        if (!(obj is Customer))
            throw new ArgumentException(
                "引数はCustomer型ではありません", "obj");
        Customer otherCustomer = (Customer)obj;
        return this.CompareTo(otherCustomer);
    }

    // Relational Operators.
    public static bool operator <(Customer left,
        Customer right) =>
            left.CompareTo(right) < 0;
    public static bool operator <=(Customer left,
        Customer right) =>
            left.CompareTo(right) <= 0;
    public static bool operator >(Customer left,
        Customer right) =>
            left.CompareTo(right) > 0;
    public static bool operator >=(Customer left,
        Customer right) =>
            left.CompareTo(right) >= 0;
}
```

以上で、顧客（Customer）に対して、名前という一般的な順序を付けることができました。しばらくしてから、顧客を所得額で並び替えてレポートを作成することになるかもしれません。その場合でも、Customer構造体は名前順によるソート機能を残しておきたいはずです。.NET Frameworkにジェネリックが導入された後から追加されたほとんどのAPIでは、別のソートを実行できるようにComparison<T>を受け取るようになっています。この機能を使用できるようにするためには、標準とは異なる順序での比較に使用されるstaticプロパティをCustomer型に用意するだけです。たとえば以下のデリゲートでは、2人の顧客を所得額で比較しています。

```
public static Comparison<Customer> CompareByRevenue =>
    (left,right) => left.revenue.CompareTo(right.revenue);
```

古いライブラリには、IComparerインターフェイスを使用することでこのような機能を実現しているものがあります。IComparerを使用すると、ジェネリックを使用せずとも別の比較機能を実装できます。.NET Framework 1.xのクラスライブラリに由来する、IComparable型を処理するメソッドには、IComparerインターフェイス経由でオブジェクトを並び替えるようなオーバーロードが用意されています。今回の場合、Customer構造体を実装する立場であるため、Customer構造体の内部クラスとして新しいクラス（RevenueComparer）を定義できます。このオブジェクトはCustomer構造体のstaticプロパティ経由で外部に公開されます。

```
public struct Customer : IComparable<Customer>, IComparable
{
    private readonly string name;
    private double revenue;

    public Customer(string name, double revenue)
    {
        this.name = name;
        this.revenue = revenue;
    }

    // IComparable<Customer>メンバ
    public int CompareTo(Customer other)
    {
        return name.CompareTo(other.name);
    }

    // IComparableメンバ
    int IComparable.CompareTo(object obj)
    {
        if (!(obj is Customer))
            throw new ArgumentException(
                "引数はCustomer型ではありません", "obj");
        Customer otherCustomer = (Customer)obj;
        return this.CompareTo(otherCustomer);
```

```csharp
    }
    // 関係演算子
    public static bool operator <(Customer left,
        Customer right)
    {
        return left.CompareTo(right) < 0;
    }
    public static bool operator <=(Customer left,
        Customer right)
    {
        return left.CompareTo(right) <= 0;
    }
    public static bool operator >(Customer left,
        Customer right)
    {
        return left.CompareTo(right) > 0;
    }
    public static bool operator >=(Customer left,
        Customer right)
    {
        return left.CompareTo(right) >= 0;
    }

    private static Lazy<RevenueComparer> revComp =
        new Lazy<RevenueComparer>(() => new RevenueComparer());
    public static IComparer<Customer> RevenueCompare
        => revComp.Value;

    public static Comparison<Customer> CompareByRevenue =>
        (left,right) => left.revenue.CompareTo(right.revenue);

    // Customerを所得額（revenue）で比較するためのクラス
    // 常にインターフェイス経由で使用されるため、
    // インターフェイスのオーバーライドだけを実装する
    private class RevenueComparer : IComparer<Customer>
    {
        // IComparer<Customer>メンバ
        int IComparer<Customer>.Compare(Customer left,
            Customer right) =>
                left.revenue.CompareTo(right.revenue);
    }
}
```

RevenueComparerが追加されたこの最後のバージョンでは、名前という自然な順序だけではなく、IComparerインターフェイスを実装するクラスによって定義された、所得額でもCustomerを並び替えることができます。Customerクラスのソースコードにアクセスできない場合、Customerのpublicプロパティを使用して順序を決定するようなIComparerを実装することになります。しかしこの方法は.NET Framework内で定義されたクラスを並び替える場合などのように、ソースコードにアクセスできないクラスに対してのみ採用すべきです。

この項目では、Equals()と==演算子については言及しませんでした。順序関係と同値性はそれぞれ異なる処理になります。順序関係を定義する際、同値性比較を同時に実装する必要はありません。実際、参照型であればたいていの場合オブジェクトの内容を元にして順序が定義されていますが、同値性についてはオブジェクトの一意性が元になります。CompareTo()が0を返すにも関わらず、Equals()がfalseを返すこともあります。これはまったく問題のない挙動です。同値性と順序関係は同じものである必要がないのです。

IComparableとIComparerは、型の順序関係を定義する場合に一般的に使用されるインターフェイスです。最も自然な順序をIComparableとして実装すべきです。IComparableを実装する場合、IComparableの順序と一致するような比較演算子（<、>、<=、>=）も同時に実装すべきです。IComparable.CompareTo()はSystem.Object型を使用するインターフェイスのため、型が明記されたCompareTo()のオーバーロードも定義すべきです。IComparerを使用すると、一般的な順序とは異なる順序を定義したり、外部から提供された型に対する順序を定義したりすることができます。

## 項目21　破棄可能な型引数をサポートするようにジェネリック型を作成すること

制約はクラスの作成者と利用者に対して2つの機能を提供します。1つは、制約を指定することによって、実行時エラーをコンパイル時エラーとすることができます。もう1つは、型引数を指定してインスタンスを作成する際、クラスの使用者に対して明確な文書を残すことができます。ただし、型引数ができないことを制約として指定することはできません。たいていの場合、期待する以上の機能が型引数に備えられているかを気にする必要はありません。しかし、IDisposableを実装する型引数のような特別な場合においては、いくつか追加の作業を自前で用意することになります。

この問題に対する現実的な例を紹介してしまうと、即座に複雑化してしまうため、ここではこの問題がどのように顕在化し、どのようにコードで対応すればよいかということがわかる単純な例を紹介します。この問題は、メソッド内で型引数のインスタンスを作成して使用するようなジェネリックメソッドがある場合に起こります。

```csharp
public interface IEngine
{
    void DoWork();
}

public class EngineDriverOne<T> where T : IEngine, new()
{
    public void GetThingsDone()
    {
        T driver = new T();
```

第3章　ジェネリックによる処理

```
        driver.DoWork();
    }
}
```

TがIDisposableを実装する場合、このままではリソースリークが起こります。T型のインスタンスを生成する場合には、常にTがIDisposableを実装しているかどうか確認するようにし、実装している場合には適切に破棄する必要があります。

```
public void GetThingsDone()
{
    T driver = new T();
    using (driver as IDisposable)
    {
        driver.DoWork();
    }
}
```

このようなusing文を見たことがなければ若干戸惑うかもしれませんが、これは正しく機能します。コンパイラはIDisposableとしてキャストするために、隠れたローカル変数を作成して、参照を格納します。もしTがIDisposableを実装していない場合、このローカル変数はnullになります。その場合、コンパイラによってDispose()の呼び出しの前にnullチェックが実行されるため、Dispose()メソッドは呼ばれません。しかしTがIDisposableを実装している場合には、コンパイラはusingブロックを抜ける直前でDispose()メソッドが呼ばれるようにします。

これは単純な規則です。型引数のインスタンスをローカル変数とした場合には、必ずusingステートメントに入れるようにするだけです。その場合、TがIDisposableを実装しているかどうかがわからないため、先のコードのようにキャストする必要があることに注意してください。

型引数のインスタンスをメンバ変数として使用する必要がある場合には、より複雑な処理が必要です。ジェネリック型はIDisposableを実装しているかもしれない型への参照を保持するわけです。これはつまり、ジェネリック型においてもIDisposableを実装する必要があるということです。クラスが使用するリソースでIDisposableが実装されているかどうかを確認し、実装されている場合には破棄するように実装することになります。

```
public sealed class EngineDriver2<T> : IDisposable
    where T : IEngine, new()
{
    // 生成コストが高いため、nullに初期化
    private Lazy<T> driver = new Lazy<T>(() => new T());
    public void GetThingsDone() =>
        driver.Value.DoWork();

    // IDisposableメンバ
    public void Dispose()
```

```
        {
            if (driver.IsValueCreated)
            {
                var resource = driver.Value as IDisposable;
                resource?.Dispose();
            }
        }
    }
```

このクラスですべきことがかなり増えています。まず、IDisposableを実装するための処理が追加されました。そしてクラスにsealedキーワードを追加しました。sealedクラスとしないのであれば、派生クラスにおいてもDispose()メソッドが呼び出せるようにIDisposableパターンを完全に実装する必要があります(『Framework Design Guidelines』Krzysztof Cwalina, Brad Abrams、Addison-Wesley、2008年、あるいは項目17を参照)。sealedクラスとすることで、実装の手間を省略できます。しかしそれによってクラスの使用方法が制限されるようになり、派生クラスを作成できなくなることに注意してください。

最後に、このコードの書き方では、driverのDispose()が2回以上呼ばれないことを保証できないことに注意してください。それ自体は許容されることであって、現にIDisposableを実装する型であればいずれも複数回Dispose()を呼べるようになっていなければいけません。これはTに対するクラス制約が指定されていないため、Disposeメソッドを抜け出す直前にdriverの値をnullにできないからです(値型にnullが設定できないことに注意してください)。

現実的には、ジェネリッククラスのインターフェイスを若干変更することにより、このような設計となることを回避できます。Disposeを呼び出す責任をジェネリッククラスの外に任せるようにするとともに、new制約を削除して、オブジェクトの所有権をジェネリッククラスの外に委ねるようにすればよいのです。

```
public sealed class EngineDriver<T> where T : IEngine
{
    // 生成コストが高いため、nullに初期化
    private T driver;
    public EngineDriver(T driver)
    {
        this.driver = driver;
    }
    public void GetThingsDone()
    {
        driver.DoWork();
    }
}
```

見ての通り、コードの前方にあるコメントはT型のオブジェクトの生成コストが高いことを示しています。しかしこの最新バージョンでは生成コストを気にする必要がありません。結局、

この問題の解決方法はアプリケーションの設計におけるさまざまな要素次第で異なります。しかし1つだけ明確なものがあります。ジェネリッククラスの型引数に対するインスタンスを生成する場合、その型が`IDisposable`を実装するかどうか必ず確認するようにしてください。保守的なコードを作成するべきであって、オブジェクトがスコープを抜けた時点でリソースリークが起こることのないようにすべきです。

場合によっては、インスタンスを生成しないようにコードをリファクタリングすることができるでしょう。それができない場合には、ローカル変数を用意して、必要であればそれが破棄されるような設計にすべきです。最後に、型引数のインスタンスを遅延的に生成し、`IDisposable`を実装するようなジェネリック型を設計する場合には、さらに追加の作業が必要になることに注意してください。作業量は多いかもしれませんが、クラスの利便性のためには必要な作業です。

## 項目22　ジェネリックの共変性と反変性をサポートする

型の分散（variance）、特に共変性（covariance）と反変性（contravariance）とは、ある型が別の型の代理となれるような状況を定義するものです。可能であれば常にジェネリックインターフェイスやジェネリックデリゲートに共変性や反変性のための修飾子を指定して、ジェネリックの共変性と反変性をサポートすべきです。そうすることによって公開するAPIをよりさまざまな方法で、なおかつ安全に使用できるようになります。ある型が別の型の代理になれない場合、その型は不変（invariant）であると言います。

型の分散とは多くの開発者がよく目にする類の話題ではあるものの、実際にはあまり理解できていないものです。共変性と反変性は、2つのジェネリック型における型引数に対して、それらが互換性を持つかどうかを表すものです。ジェネリック型C<T>において、型XがYに変換できることがわかっている場合に、C<X>からC<Y>に変換できるのであれば、C<T>は共変性を持ちます。型YからXに変換できることがわかっている場合に、C<X>からC<Y>に変換できるのであれば、C<T>は反変性を持ちます。

たいていの場合、IEnumerable<object>を引数に取るメソッドであれば、IEnumerable<MyDerivedType>も指定できるはずだと考えるでしょう。また、IEnumerable<MyDerivedType>がメソッドの返り値になっている場合、この値をIEnumerable<object>型の変数に割り当てられることを期待するでしょう。しかしそうではありません。C# 4.0より前のジェネリック型はいずれも不変でした。つまり、ジェネリック型に共変性や反変性があることを期待してコードを書いた場合、それらのコードがいずれも不正なコードだとしてコンパイルエラーになるということが何度も起きたのです。配列には共変性が備わっていましたが、タイプセーフな共変性ではありませんでした。C# 4.0以降では、ジェネリックに共変性や反変性を持たせられるようにするための新しいキーワードが追加されています。これにより、ジェネリックがさらに便利になります。特に、ジェネリックインターフェイスやジェネリックデリ

ゲートと組み合わせる場合にその効果が顕著に表れます。

ではまず配列の共変性にある問題を把握するところから始めましょう。以下のような小さなクラス階層があるとします。

```
abstract public class CelestialBody :
    IComparable<CelestialBody>
{
    public double Mass { get; set; }
    public string Name { get; set; }
    // 省略
}

public class Planet : CelestialBody
{
    // 省略
}

public class Moon : CelestialBody
{
    // 省略
}

public class Asteroid : CelestialBody
{
    // 省略
}
```

次のメソッドはCelestialBodyオブジェクトの配列を共変的に扱いますが、タイプセーフです。

```
public static void CoVariantArray(CelestialBody[] baseItems)
{
    foreach (var thing in baseItems)
        Console.WriteLine("{0} の質量は {1} Kgです",
    thing.Name, thing.Mass);
}
```

次のメソッドもCelestialBodyオブジェクトの配列を共変的に扱いますが、タイプセーフではありません。割り当てを行っている行で例外がスローされます。

```
public static void UnsafeVariantArray(CelestialBody[] baseItems)
{
    baseItems[0] = new Asteroid
        { Name = "Hygiea", Mass = 8.85e19 };
}
```

親クラスの配列として定義された変数に対して、派生クラスの配列を割り当てた場合も同様

の問題が起こります。

```
CelestialBody[] spaceJunk = new Asteroid[5];
spaceJunk[0] = new Planet();
```

　コレクションを共変的に扱うということはすなわち、継承の関係にある2つの型がある時、それぞれの型を持つ配列同士にも同様の継承関係があるとみなすことができるということです。この説明は厳密な定義ではありませんが、概要を把握するには十分なはずです。CelestialBodyを引数に取るメソッドであれば、Planet型のオブジェクトをそのメソッドの引数に指定できます。同様に、CelestialBody[]を引数に取るメソッドであれば、Planet[]型を指定できるのです。しかし、先のコードで示したように、必ずしも期待通りに動作するとは限りません。

　ジェネリックが初めて導入された当時、この問題は厳格な方法で処理されていました。すなわちジェネリックは常に不変的に扱われたのです。ジェネリック型は完全に一致しなければいけませんでした。しかしC# 4.0以降では共変的、あるいは反変的に扱いたいジェネリックインターフェイスに対して修飾子を指定できるようになりました。ジェネリックの共変性に続けて、反変性を説明していきます。

　次のメソッドはList<Planet>を引数に指定して呼び出すことができます。

```
public static void CovariantGeneric
    (IEnumerable<CelestialBody> baseItems)
{
    foreach (var thing in baseItems)
        Console.WriteLine("{0} の質量は {1} Kgです",
            thing.Name, thing.Mass);
}
```

　これは、IEnumerable<T>が拡張されて、出力においてはその型をTに限定しているためです。

```
public interface IEnumerable<out T> : IEnumerable
{
    IEnumerator<T> GetEnumerator();
}
public interface IEnumerator<out T> :
    IDisposable, IEnumerator
{
    T Current { get; }
    // MoveNext()とReset()はIEnumeratorから継承
}
```

　IEnumerable<T>だけではなく、IEnumerator<T>にも重要な制限が課されているため、ここでは両方の定義を紹介しています。見てわかるように、IEnumerator<T>の型パラメータ

Tにout修飾子が指定されています。この修飾子を指定することにより、出力位置にある型がTに制限されるようコンパイラに強制させることができます。出力位置とは、関数の戻り値やプロパティのgetアクセサ、デリゲートのシグネチャの一部といった限定された場所のことです。

つまり、IEnumerable<out T>を使用することによって、シーケンス内の型Tの要素を参照しようとしているものの、シーケンス内の要素は変更されないということをコンパイラが把握できるようになります。先の例であれば、Planetの各要素をCelestialBodyとして扱えるようになるわけです。

IEnumerator<T>が共変性を持つ場合にのみ、IEnumerable<T>は共変性を持ちます。もしIEnumerable<T>が共変性を持たないインターフェイスを返す場合、コンパイラはコンパイルエラーを返します。

しかしジェネリック型の引数を取り、最初の要素を置き換えるメソッドを作成しても、引数を変更することはできません。

```
public static void InvariantGeneric(
    IList<CelestialBody> baseItems)
{
    baseItems[0] = new Asteroid
        { Name = "Hygiea", Mass = 8.85e19 };
}
```

メソッドの引数の型であるIList<T>の型パラメータTにはin修飾子もout修飾子も指定されていないため、型が完全に一致するオブジェクトを指定する必要があるのです。

もちろん、反変性を持つジェネリックインターフェイスを定義して、そちらに処理を任せることもできます。そのためには、out修飾子の代わりにin修飾子を指定します。in修飾子を指定すると、コンパイラはその型パラメータが入力位置にのみ表れるものと認識するようになります。.NET Framework内では、IComparable<T>インターフェイスにin修飾子が追加されています。

```
public interface IComparable<in T>
{
    int CompareTo(T other);
}
```

そのため、質量（Mass）による比較を行うようなIComparable<T>をCelestialBodyに実装できます。Planet同士や、PlanetとMoon、MoonとAsteroid、あるいはその他の組み合わせで比較できます。CelestialBodyから派生したクラスであれば、Massプロパティで比較することができるわけです。

一方、IEquatable<T>が不変であることに気がつくかもしれません。定義からすれば、

PlanetはMoonと同一ではありません。それぞれは異なる型であるため、両者を同一とみなすことには意味がないでしょう。しかし、同一とみなす必要がある場合には、2つのオブジェクトが同一であれば同じ型だとみなされるようにする必要があります。

　反変性を持つ型パラメータは、メソッドの引数あるいはデリゲートのシグネチャの一部においてのみ表れます。

　最後に、デリゲートの引数における共変性と反変性について説明します。デリゲートもやはり共変性あるいは反変性を持たせることができます。その方法は極めて簡単です。メソッドの引数には反変性（in）、返り値の型には共変性（out）を指定するだけです。.NETのBCLでは、分散性を持つように多数のデリゲートが更新されています。

```
public delegate TResult Func<out TResult>();
public delegate TResult Func<in T, out TResult>(T arg);
public delegate TResult Func<in T1, T2, out TResult>(T1 arg1, T2 arg2);
public delegate void Action<in T>(T arg);
public delegate void Action<in T1, in T2>(T1 arg1, T2 arg2);
public delegate void Action<in T1, in T2, T3>(T1 arg1, T2 arg2, T3 arg3);
```

　念を押しておきますが、分散の概念自体はそれほど難しいものではありません。しかし、それが他の要素と組み合わされると、途端に威圧感が増すものなのです。共変性を持つインターフェイスから不変なインターフェイスを返すことができないことについてはすでに説明した通りです。同様に、共変性や反変性の制限を回避してデリゲートを使用することもできません。

　デリゲートでは共変性と反変性が「逆転」してしまうことがあることに注意してください。以下のコードを参照してください。

```
public interface ICovariantDelegate<out T>
{
    T GetAnItem();
    Func<T> GetAnItemLater();
    void GiveAnItemLater(Action<T> whatToDo);
}

public interface IContravariantDelegate<in T>
{
    void ActOnAnItem(T item);
    void GetAnItemLater(Func<T> item);
    Action<T> ActOnAnItemLater();
}
```

　これらのインターフェイス中のメソッドには、共変性と反変性がデリゲートに対する機能の仕方に応じて、それぞれの挙動を表す名前を付けています。まず`ICovariantDelegate`インターフェイスを紹介しましょう。`GetAnItemLater()`は1つの要素を遅延的に取得するためのメソッドです。呼び出す側では、このメソッドから返される`Func<T>`を実行することで要素

の値を取得できます。Tはまだ出力側に位置しているので、まだ問題はないでしょう。GiveAnItemLater()はもう少し複雑です。このメソッドは型Tのオブジェクトを引数に取るようなメソッドを登録できるデリゲートを引数に取ります。そのため、Action<in T>は共変性を持つにも関わらず、ICovariantDelegateインターフェイス中におけるTの位置としては、ICovariantDelegate<T>を実装するオブジェクトからT型のオブジェクトが返されるということを表しているのです。この挙動からするとTは反変性を持つべきだと思うかもしれませんが、インターフェイスの観点からすれば共変性でよいのです。

IContravariantDelegate<T>も同じようなインターフェイスですが、反変性を持つデリゲートを使用しています。ActOnAnItemメソッドは説明するまでもないでしょう。ActOnAnItemLater()メソッドは少しだけ複雑です。このメソッドからは、T型のオブジェクトを後で受け取ることができるようなメソッドが返されます。3つ目のGetAnItemLater()は先ほどと同じく、さらに紛らわしいものです。概念的には先のインターフェイスと同じものです。このメソッドは後からT型のオブジェクトを返すようなメソッドを引数に取ります。Func<out T>は反変性を持つものとして宣言されていますが、用途から見ればIContravariantDelegateインターフェイスを実装するオブジェクトを入力に取るということを表しています。しかしIContravariantDelegateインターフェイスの観点では反変性で正しいのです。

　共変性や反変性がどのように機能するのかということを厳密に説明することはとても難しいことです。しかし幸い、C#では言語のサポートがあるおかげでジェネリックインターフェイスやジェネリックデリゲートをin（共変性）あるいはout（反変性）で修飾することだと説明できます。独自にインターフェイスやデリゲートを作成する場合、できる限りinあるいはout修飾子を設定するべきです。そうすることによって、作成したインターフェイスやデリゲートの分散性が誤用されたとしても、コンパイラがそれを訂正してくれるようになります。すなわちコンパイラはインターフェイスやデリゲートに対する分散性を確認して、意図しない型が使用されていないかどうか見つけ出してくれるようになるのです。

## 項目23　型パラメータにおけるメソッドの制約をデリゲートとして定義する

　一見すると、C#の制約の機能は非常に限定的なように思えるかもしれません。親クラス制約、インターフェイス制約、クラス制約または構造体制約、引数なしのコンストラクタ制約だけしか指定できません。しかし他にも指定したい制約が多数あるでしょう。staticメソッド（演算子のオーバーロードも含む）を制約とすることも、他のコンストラクタを制約とすることもできません。ある意味では、C#に用意された制約ですべての契約を表すことができます。T型のオブジェクトを作成するインターフェイスIFactory<T>を引数で定義できます。IAdd<T>を定義すれば、Tに定義されたstatic演算子「"+"」（あるいは他のメソッド）を使

用してオブジェクトに追加する機能を実装できます。しかしこれは十分な解決方法だとは言えません。多数の作業を追加しなければならず、元々の設計がぼやけたものになってしまいます。

　Add()の例を見ていきましょう。ジェネリッククラスが型TにAdd()メソッドを必要とする場合、いくつかの作業が必要です。まずIAdd<T>インターフェイスを用意します。そしてこのインターフェイスを実装します。ここまでは悪くありません。しかしジェネリック型を使用する側ではさらに多くの作業が必要になります。IAdd<T>を実装するクラスを作成し、IAdd<T>に必要なメソッドを定義し、ジェネリック型に対応するクローズジェネリッククラスを用意します。メソッドを1つ呼び出すために、利用者に対してAPIのシグネチャに一致するクラスを作成させているというわけです。これでは利用者に不満や誤解を生むことになってしまいます。

　しかし、ここまでする必要はありません。ジェネリッククラスで呼び出したいメソッドに一致するシグネチャを持ったデリゲートを定義すればよいのです。これはつまり、ジェネリッククラスの作成者側としてはこれ以上の処理が必要ないということです。しかしジェネリッククラスを使用する側でも、かなりの作業を省くことができます。

　以下のコードでは、T型の2つのオブジェクトを加算するメソッドを必要とするようなジェネリッククラスを定義しています。独自のデリゲート型を定義する必要すらありません。必要となるシグネチャはSystem.Func<T1, T2, TOutput>デリゲートと同じものです。このジェネリックメソッドでは、引数として渡されたAddを実装するメソッドを使用して、2つのオブジェクトを加算しています。

```
public static class Example
{
    public static T Add<T>(T left, T right,
        Func<T, T, T> AddFunc) =>
            AddFunc(left, right);
}
```

　このクラスを使用する側では、ジェネリッククラスでAddFunc()が呼ばれる時点で実際に呼び出されるメソッドを定義する際、型推論やラムダ式を使用しながら定義できます。ラムダ式を使用してAddメソッドを呼び出すには以下のようにします。

```
int a = 6;
int b = 7;
int sum = Example.Add(a, b, (x, y) => x + y);
```

　C#コンパイラはラムダ式に対して型推論を行い、値を返すようにします。コンパイラによって2つの整数の和を返すstatic privateメソッドが作成されます。このメソッドの名前はコンパイラが自動的に設定します。また、コンパイラはFunc<T,T,T>デリゲートオブジェクトを作成して、先ほどコンパイラが生成したメソッドへのポインタをデリゲートに割り当てます。最後に、このデリゲートをジェネリックメソッドExample.Add()に渡します。

## 項目23　型パラメータにおけるメソッドの制約をデリゲートとして定義する

　ここでは、デリゲートとしてインターフェイスの制約を作成すべき理由を示すために、ラムダ式を指定してメソッドを定義しました。コードは不自然なほどに単純なものですが、コンセプトこそが重要です。制約をインターフェイスとして定義すると手間がかかりすぎるような場合には、メソッドのシグネチャを決めるようなデリゲート型を定義するとよいでしょう。そしてこのデリゲートのインスタンスをジェネリックメソッドの引数に追加します。ジェネリッククラスを使用する側では、メソッドの引数をラムダ式として指定できます。この方がコード量も遥かに少なく、その意図も明確になります。使用する側のコードでは、ジェネリックメソッドが必要とする機能をラムダ式として実装することになります。インターフェイスとして実装された制約では必要だったようなコードを追加する必要もありません。

　シーケンスを処理するアルゴリズムに対する制約をデリゲートで実装することもあるでしょう。たとえばさまざまな超音波プローブから収集したサンプル値を持つような2つのシーケンスを組み合わせて、座標値を持つような1つのシーケンスとするコードを作成しているとします。

　Pointクラスはたとえば次のようになるでしょう。

```
public class Point
{
    public double X { get; }
    public double Y { get; }
    public Point(double x, double y)
    {
        this.X = x;
        this.Y = y;
    }
}
```

　機器から読み取った値はList<double>型のシーケンスになります。そして、(X, Y)の値ペアが存在する限り、Point(double,double)のコンストラクタを呼び出します。Pointは不変型です。デフォルトコンストラクタを呼び出してからプロパティXとYの値を設定することはできません。また、コンストラクタに引数を指定すべきだという制約を作成することもできません。解決策としては、2つの引数を取り、1つのPointを返すようなデリゲートを定義することです。今回もやはり.NET Framework 3.5ですでに用意されている機能を使用できます。

```
delegate TOutput Func<T1, T2, TOutput>(T1 arg1, T2 arg2);
```

　今回の場合、T1とT2はいずれもdoubleになります。BCLで定義されている、出力シーケンスを作成するジェネリックメソッドはおよそ以下のようになっています。

```
public static IEnumerable<TOutput> Zip<T1, T2, TOutput>
    (IEnumerable<T1> left, IEnumerable<T2> right,
    Func<T1, T2, TOutput> generator)
{
    IEnumerator<T1> leftSequence = left.GetEnumerator();
    IEnumerator<T2> rightSequence = right.GetEnumerator();
    while (leftSequence.MoveNext() && rightSequence.MoveNext())
    {
        yield return generator(leftSequence.Current,
            rightSequence.Current);
    }
    leftSequence.Dispose();
    rightSequence.Dispose();
}
```

Zipでは両方の入力シーケンスを走査して、シーケンス内の要素ペアに対して生成用デリゲートを呼び出し、新しく作成されたPointオブジェクトを返しています（項目29および項目33を参照）。デリゲートによる制約では、2つの異なる入力から特定の型が出力されるメソッドであることを強制できます。Zipメソッドでは2つの入力が同じ型でなくてもよいような定義になっていることに注意してください。まったく別の型をキーと値に持つようなペアを同じメソッドで作成することもできます。単に別のデリゲート型が必要になるだけです。

Zipメソッドは以下のようにして呼び出すことができます。

```
double[] xValues = { 0, 1, 2, 3, 4, 5, 6, 7, 8, 9,
    0, 1, 2, 3, 4, 5, 6, 7, 8, 9 };
double[] yValues = { 0, 1, 2, 3, 4, 5, 6, 7, 8, 9,
    0, 1, 2, 3, 4, 5, 6, 7, 8, 9 };

List<Point> values = new List<Point>(
    System.Linq.Enumerable.Zip(xValues, yValues, (x, y) =>
    new Point(x, y)));
```

先ほどと同じく、コンパイラはprivate staticメソッドを作成し、このメソッドへの参照を持ったデリゲートオブジェクトを作成し、このオブジェクトをZip()メソッドに渡します。

ほとんどの場合、ジェネリッククラスで呼び出す必要のあるメソッドは特定のデリゲートとして置き換えることができます。実際、先の2つの例ではジェネリックメソッド内で呼び出されるメソッドをデリゲートとして定義しました。この方法はデリゲートとして登録されたメソッドを複数箇所で呼び出すような場合にも有効です。型パラメータのうちの1つがデリゲートであるようなジェネリッククラスを定義すればよいのです。そしてクラスのインスタンスを生成する際に、クラスのメンバをジェネリック型のデリゲートとして登録します。

以下のコードでは、ストリームから位置情報を読み取って、文字列からPointに変換するようなデリゲートを呼んでいます。まず、Pointクラスにファイルから位置情報を読み取るコンストラクタを追加します。

## 項目23　型パラメータにおけるメソッドの制約をデリゲートとして定義する

```
public Point(System.IO.TextReader reader)
{
    string line = reader.ReadLine();
    string[] fields = line.Split(',');
    if (fields.Length != 2)
        throw new InvalidOperationException("入力形式が不正です");
    double value;
    if (!double.TryParse(fields[0], out value))
        throw new InvalidOperationException("Xの値を解析できません");
    else
        X = value;

    if (!double.TryParse(fields[1], out value))
        throw new InvalidOperationException("Yの値を解析できません");
    else
        Y = value;
}
```

　コレクションクラスを作成するにはいくつかの作業が必要です。ジェネリック型の制約として、引数を取るコンストラクタを強制することはできません。しかし期待する動作をメソッドとして強制させることはできます。ファイルから型Tを生成するようなデリゲート型を定義します。

```
public delegate T CreateFromStream<T>(TextReader reader);
```

　次に、デリゲート型のインスタンスを引数として受け取るコンストラクタを持ったコンテナクラスを用意します。

```
public class InputCollection<T>
{
    private List<T> thingsRead = new List<T>();
    private readonly CreateFromStream<T> readFunc;

    public InputCollection(CreateFromStream<T> readFunc)
    {
        this.readFunc = readFunc;
    }

    public void ReadFromStream(TextReader reader) =>
        thingsRead.Add(readFunc(reader));

    public IEnumerable<T> Values => thingsRead;
}
```

　この`InputCollection`のインスタンスを生成するには、デリゲートを渡す必要があります。

```
var readValues = new InputCollection<Point>(
    (inputStream) => new Point(inputStream));
```

　この例は非常に単純化してあるため、非ジェネリック型として定義しても問題ないように思うかもしれません。しかしこのテクニックを利用することによって、通常の制約として指定できないような動作に依存するジェネリック型を定義できるようになります。

　たいていの場合には、制約としてはクラス制約やインターフェイス制約を指定する方法が最も適しています。実際、.NET BCLでもIComparable<T>やIEquatable<T>、IEnumerable<T>が実装されていることを期待する機能が多数あります。これらのインターフェイスはよく知られている上に、多くのアルゴリズムで使用されているため、理にかなっていると言えます。また、たとえばIComparable<T>を実装する型は順序関係をサポートし、IEquatable<T>を実装する型であれば同値性をサポートすることが明らかになるので、これらがインターフェイスとして定義されていることは自然なことだと言えます。

　しかし、特定のジェネリッククラスやジェネリックメソッドでしか使用されないような制約をインターフェイスとして独自に作成しようとしているのであれば、デリゲートによるメソッド制約として作成した方が使用する側の手間も省くことができるでしょう。ジェネリック型を手軽に使用できるため、使用するためのコードも簡単に理解できるようになります。演算子やstaticメソッド、デリゲート型など、あらゆる機能に対する制約をインターフェイスとして作成できます。そしてこのインターフェイスを実装するヘルパクラスを用意することによって、制約を満たすことができます。開発者側で期待する制約を暗黙的に示唆するような、意味論的制約を使用者側に期待してはいけません。

## 項目24　親クラスやインターフェイス用に特化した　　　　　　ジェネリックメソッドを作成しないこと

　ジェネリックメソッドを導入することによって、コンパイラはメソッドのオーバーロードを解決する際に非常に複雑な処理を行うようになります。それぞれのジェネリックメソッドは、型パラメータそれぞれに該当するあらゆる型と一致できます。この挙動に注意していると（あるいはしていないと）、アプリケーションが非常に不思議な動作をしているように見えるでしょう。ジェネリッククラスやメソッドを作成する場合、それらを使用する側が混乱してしまわないように実装すべきです。つまり、オーバーロードの解決方法に注意が必要だということです。使用者側が期待するメソッドとは違うジェネリックメソッドに一致してしまう理由を把握しておくべきです。

　以下のコードを見て、その出力結果を予想してみてください。

```
using static System.Console;
```

## 項目24　親クラスやインターフェイス用に特化したジェネリックメソッドを作成しないこと

```csharp
public class MyBase
{
}

public interface IMessageWriter
{
    void WriteMessage();
}

public class MyDerived : MyBase, IMessageWriter
{
    void IMessageWriter.WriteMessage() =>
        WriteLine("MyDerived.WriteMessage 内");
}

public class AnotherType : IMessageWriter
{
    public void WriteMessage() =>
        WriteLine("AnotherType.WriteMessage 内");
}

class Program
{
    static void WriteMessage(MyBase b)
    {
        WriteLine("WriteMessage(MyBase) 内");
    }

    static void WriteMessage<T>(T obj)
    {
        Write("WriteMessage<T>(T) 内: ");
        WriteLine(obj.ToString());
    }

    static void WriteMessage(IMessageWriter obj)
    {
        Write("WriteMessage(IMessageWriter) 内: ");
        obj.WriteMessage();
    }

    static void Main(string[] args)
    {
        MyDerived d = new MyDerived();
        WriteLine("Program.WriteMessage を呼び出し中");
        WriteMessage(d);
        WriteLine();

        WriteLine("IMessageWriter インターフェイス経由で呼び出し中");
        WriteMessage((IMessageWriter)d);
        WriteLine();

        WriteLine("親クラスにキャスト");
        WriteMessage((MyBase)d);
```

103

```
        WriteLine();

        WriteLine("別の型をテスト");
        AnotherType anObject = new AnotherType();
        WriteMessage(anObject);
        WriteLine();

        WriteLine("IMessageWriter にキャスト");
        WriteMessage((IMessageWriter)anObject);
    }
}
```

　一部のコメントがヒントになっていますが、出力結果を確認する前にぜひ予想してみてください。ジェネリックメソッドが存在することによって、メソッドの解決規則が受ける影響を理解することが重要です。ほとんどの場合にジェネリックメソッドが呼ばれるように思えますが、結果を見るとその予想が大きく外れていることがわかります。出力結果は以下のようになります。

```
Program.WriteMessage を呼び出し中
WriteMessage<T>(T) 内: MyDerived

IMessageWriter インターフェイス経由で呼び出し中
WriteMessage(IMessageWriter) 内: MyDerived.WriteMessage 内

親クラスにキャスト
WriteMessage(MyBase) 内

別の型をテスト
WriteMessage<T>(T) 内: AnotherType

IMessageWriter にキャスト
WriteMessage(IMessageWriter) 内: AnotherType.WriteMessage 内
```

　1つ目のチェックから、MyBaseクラスから派生した型の場合、WriteMessage(MyBase b)よりもWriteMessage<T>(T obj)の方が優先されるという重要な規則が確認できます。これはコンパイラとしてはTとしてMyDerivedクラスが厳密に一致していて、WriteMessage(MyBase)が呼ばれるためには暗黙的な変換が必要だったと認識したということです。ジェネリックメソッドの方が優先されます。この規則は、QueryableやEnumerableクラスに対して定義された拡張メソッドを使用する場合に重要になります。ジェネリックメソッドはあらゆるものに一致するため、親クラス用のメソッドよりも優先されるのです。
　次の2つのチェックでは、(MyBaseあるいはIMessageWriterとして) 明示的な変換を行うことによって、先ほどの挙動が変化するようすを確認しています。最後の2つのチェックでは、継承関係がない場合でもインターフェイスを実装する型において同様の挙動となることを確認しています。

## 項目24　親クラスやインターフェイス用に特化したジェネリックメソッドを作成しないこと

　名前解決の規則は興味深いものなので、プログラマ同士で話題にするにはうってつけですが、コンパイラが期待するものと同じ動作をするようにコードを記述することが重要です。結局のところ、コンパイラこそが正しいのです。

　親クラスとその子クラスをすべてサポートする目的で、親クラスを引数に取るジェネリックメソッドのオーバーロードを定義する方法はうまくいきません。これはインターフェイスに対しても当てはまります。しかしこのような罠がある型はほとんどありません。たとえば整数値型と浮動小数点数型の間には継承関係がありません。項目18で説明したように、異なる値型に対してはそれぞれ専用のメソッドを用意するとよいでしょう。たとえば.NET Frameworkでは、すべての数値型に対して`Enumerable.Max<T>`や`Enumerable.Min<T>`、あるいはこれらに似たメソッドが定義されています。しかし型のチェックは実行時に行うのではなく、コンパイラに処理させた方がよいでしょう。ジェネリックメソッドを優先して公開しない方がよい理由がここにあります。

```
// 最善の方法ではない
// 実行時に型チェックを行っている
static void WriteMessage<T>(T obj)
{
    if (obj is MyBase)
        WriteMessage(obj as MyBase);
    else if (obj is IMessageWriter)
        WriteMessage((IMessageWriter)obj);
    else
    {
        Write("WriteMessage<T>(T) 内: ");
        WriteLine(obj.ToString());
    }
}
```

　このコードで十分かもしれませんが、チェックする条件が少ない間しか機能しません。クラスを使用する側からは面倒な処理がすべて隠されていますが、実行時にオーバーヘッドがかかるようになっていることに注意してください。このジェネリックメソッドは、コンパイラによる判断に頼らずに、(思い込みに従って) 適切な型が入力されているかどうか判断できるようになりました。この方法は、自身の判断が明らかに適切な場合にのみ採用すべきです。また、問題が起こらないようなライブラリを作成できるかどうか、パフォーマンスを計測しながら検討すべきです。

　当然ながら、特定の型に特化したジェネリックメソッドを定義してはいけないということではありません。項目19では、高度な機能が利用できる場合にはそちらを利用するようなメソッドを作成する方法を説明しています。項目33では、高度な機能が実装されている場合にはその機能で逆順イテレータを作成するようなコードを紹介しています。項目33ではジェネリック型の名前解決の機能を使用していません。それぞれのコンストラクタでは、それぞれの位置で正しいメソッドが呼び出せるように、さまざまな機能の有無をチェックしています。しかし特

定の型に対するジェネリックメソッドを作成する場合、その型ならびに派生クラスすべてに対するメソッドを用意する必要があります。特定のインターフェイス用にジェネリックメソッドを特化させる場合、そのインターフェイスを実装するすべての型に対するメソッドを実装する必要があります。

## 項目25　型引数がインスタンスのフィールドではない場合にはジェネリックメソッドとして定義すること

　ジェネリッククラスを限定的に定義してしまうことは簡単です。しかしユーティリティクラスを定義する場合、多数のジェネリックメソッドを持つような非ジェネリッククラスを定義すると便利な場合があります。繰り返しになりますが、C#コンパイラは指定された制約を基準にして、ジェネリッククラス全体を適切なILとして生成する必要があるというのがその理由です。1組の制約は全クラスに対して有効でなければいけません。ジェネリックメソッドを含むユーティリティクラスには、メソッドごとに異なる制約を指定できます。コンパイラはメソッドそれぞれで制約が異なるため、一致するメソッドを簡単に見つけ出せるようになり、ジェネリックメソッドを使用する側でも簡単に使用できるようになります。

　また、それぞれの型パラメータは使用対象のメソッドに指定された制約だけを満たせば十分です。一方、ジェネリッククラスの場合にはクラス全体に対して指定された制約をすべて満たす必要があります。時と共にクラスを拡張していくと、メソッドレベルで指定された制約よりも多くの制約がクラスレベルに指定されることになるでしょう。2つのバージョンをリリースした後、メソッドレベルの機能として2つのジェネリックメソッドを追加することになったとします。その場合のガイドラインは単純です。もしも型のレベルでデータメンバが必要になる場合、特に型パラメータと同じ型を持つメンバが必要になる場合、ジェネリッククラスを定義します。そうでなければジェネリックメソッドとします。

　次のような2つのジェネリックメソッド Max と Min を持つクラスがあるとします。

```
public static class Utils<T>
{
    public static T Max(T left, T right) =>
        Comparer<T>.Default.Compare(left, right) < 0 ?
            right : left;

    public static T Min(T left, T right) =>
        Comparer<T>.Default.Compare(left, right) < 0 ?
            left : right;
}
```

　初回レビュー時には完璧に機能しているようでした。2つの数値を比較できます。

## 項目25　型引数がインスタンスのフィールドではない場合にはジェネリックメソッドとして定義すること

```
double d1 = 4;
double d2 = 5;
double max = Utils<double>.Max(d1, d2);
```

2つの文字列を比較することもできます。

```
string foo = "foo";
string bar = "bar";
string sMax = Utils<string>.Max(foo, bar);
```

うまくいったので帰宅することにしましょう。しかしこのクラスを使う側としてはあまり嬉しくありません。メソッドを呼び出すためには、毎回型パラメータに型を指定する必要があります。これはジェネリックメソッドではなく、ジェネリッククラスとして定義したからです。面倒な作業が必要になったわけですが、もっと根の深い問題もあります。組み込み型の多くは、すでに定義された Max と Min が使用できます。Math.Max() と Math.Min() がすべての数値型に対して定義されているのです。今回作成したジェネリッククラスでは、これらの代わりに Comparer<T> で実装されたバージョンが常に使用されます。機能はするかもしれませんが、実行時の型が IComparer<T> を実装しているかを実行時に確認し、適切なメソッドを呼び出すという余計な手間がかかります。

可能であれば自動的に最適なメソッドが呼ばれるようにしたいと思うことでしょう。これは非ジェネリッククラスでジェネリックメソッドを定義することで簡単に実装できます。

```
public static class Utils
{
    public static T Max<T>(T left, T right) =>
        Comparer<T>.Default.Compare(left, right) < 0 ? right :
            left;

    public static double Max(double left, double right) =>
        Math.Max(left, right);
    // その他の数値型に対応するバージョンは省略

    public static T Min<T>(T left, T right) =>
        Comparer<T>.Default.Compare(left, right) < 0 ? left :
            right;

    public static double Min(double left, double right) =>
        Math.Min(left, right);
    // その他の数値型に対応するバージョンは省略
}
```

この Utils クラスはジェネリックではありません。代わりに、Max と Min のオーバーロードを複数持つようになりました。これらはジェネリックバージョンよりも効率的なメソッドです（項目3参照）。さらに、使用する側としても呼び出すバージョンを選択する必要がなくなりま

した。

```
double d1 = 4;
double d2 = 5;
double max = Utils.Max(d1, d2);

string foo = "foo";
string bar = "bar";
string sMax = Utils.Max(foo, bar);

double? d3 = 12;
double? d4 = null;
double? Max2 = Utils.Max(d3, d4).Value;
```

特定の型の引数に一致するメソッドが定義されていれば、コンパイラはそのメソッドを呼び出します。一致するメソッドが見つからない場合、コンパイラはジェネリック版のメソッドを呼び出します。さらに、後からUtilsクラスに型固有のメソッドを追加した場合でも、コンパイラが即座にそれを認識して、追加されたメソッドを呼び出せるようになります。

ジェネリッククラスよりもジェネリックメソッドが推奨されるのは、staticユーティリティクラスに限りません。たとえば項目をカンマ区切りにするような単純なクラスがあるとします。

```
public class CommaSeparatedListBuilder
{
    private StringBuilder storage = new StringBuilder();

    public void Add<T>(IEnumerable<T> items)
    {
        foreach (T item in items)
        {
            if (storage.Length > 0)
                storage.Append(", ");
            storage.Append("\"");
            storage.Append(item.ToString());
            storage.Append("\"");
        }
    }

    public override string ToString() => storage.ToString();
}
```

コードからもわかるように、任意の型をリストの要素にできます。新しい型に対してこのメソッドを呼び出すと、コンパイラは新しいバージョンのAdd<T>を生成します。型パラメータをクラスに対して定義した場合、CommaSeparatedListBuilderは1つの型しか持つことができなくなります。どちらの方法も正しいものですが、意味としてはまったく別物になります。

この例は極めて単純なものなので、型パラメータをSystem.Objectに置き換えても問題が

ないように見えるでしょう。しかしこれは他にも応用可能なテクニックです。非ジェネリッククラスにおいて、個々の型に対応するメソッドの実装となるような、すべてを担当するジェネリックメソッドを作成することもできます。このクラスでは型Tのフィールドを持ちませんが、公開されるAPIメソッドにおける引数の型がTです。メソッドの引数としてさまざまな型を使用したとしても、型ごとにインスタンスが作成されるわけではありません。

言うまでもありませんが、すべてのジェネリック対応のアルゴリズムがジェネリッククラスよりもジェネリックメソッドに適しているわけではありません。どちらを使用すべきか決める際には、いくつかのガイドラインを参考にしてください。まず、型パラメータの値をクラスの内部状態として保持するかどうかで判断します（コレクションクラスなどが該当します）。次に、ジェネリックインターフェイスを実装する型かどうかで判断します。これらの2つに該当しないのであれば、非ジェネリッククラス内のジェネリックメソッドを定義するとよいでしょう。そうすれば、アルゴリズムを更新する際の選択肢を増やすことができます。

先のコードを再度確認してください。2番目の`Utils`クラスでは、ジェネリックメソッドを呼び出す際に、毎回型を指定せずに呼び出すことができています。可能であれば、2番目のバージョンと同じようにすることが望ましいでしょう。まず、こちらの方が簡単に使用できます。型パラメータを指定しない場合、コンパイラが最適なメソッドを選択してくれます。これはライブラリを作成する側としてもありがたいことです。メソッドを使用するコードが自動的に最適なメソッドを呼び出すようになるのです。一方、型パラメータをすべて指定しなければいけない場合、機能が改善されたメソッドを追加したとしても、これまで通りのメソッドしか呼ばれないことになります。

## 項目26　ジェネリックインターフェイスとともに古いインターフェイスを実装すること

本章にあるこれまでの項目では、ジェネリックの素晴らしい利点ばかりを説明しました。ジェネリックがサポートされていないバージョンの.NETやC#を無視できるのであれば、無視しておきたかったところです。しかし、さまざまな理由により、そう簡単にはいかないのが開発者の辛いところです。新しいライブラリにおいて、ジェネリックインターフェイスをサポートするクラスを追加するのであれば、非ジェネリックインターフェイスも同様にサポートすることで、より利便性が向上します。これは以下の3か所が該当します。

1. クラスおよびインターフェイス
2. `public`プロパティ
3. シリアル化の対象とした要素

非ジェネリックインターフェイスをサポートすべき理由、ならびに使用者がジェネリック

第3章　ジェネリックによる処理

バージョンの機能を優先して使用できるようにする方法を説明します。まず、アプリケーション内で人物名を保持する単純なNameクラスを定義します。

```csharp
public class Name :
    IComparable<Name>,
    IEquatable<Name>
{
    public string First { get; set; }
    public string Last { get; set; }
    public string Middle { get; set; }

    // IComparable<Name>メンバ
    public int CompareTo(Name other)
    {
        if (Object.ReferenceEquals(this, other))
            return 0;
        if (Object.ReferenceEquals(other, null))
            return 1; // 非nullの値はnullよりも大
        int rVal = Comparer<string>.Default.Compare
            (Last, other.Last);
        if (rVal != 0)
            return rVal;
        rVal = Comparer<string>.Default.Compare
            (First, other.First);
        if (rVal != 0)
            return rVal;
        return Comparer<string>.Default.Compare(Middle,
            other.Middle);
    }

    // IEquatable<Name>メンバ
    public bool Equals(Name other)
    {
        if (Object.ReferenceEquals(this, other))
            return true;
        if (Object.ReferenceEquals(other, null))
            return false;
        // 意味的にはEqualityComparer<string>.Defaultと同じ
        return Last == other.Last &&
            First == other.First &&
            Middle == other.Middle;
    }

    // その他の詳細は省略
}
```

　同値性および順序についての機能は、いずれもジェネリック（かつタイプセーフな）バージョンとして実装しています。また、CompareTo()メソッドにおいて、nullに対する比較についてはstring用のComparerに処理を任せています。これにより、同じ挙動を取りつつ、コードを若干省略することができます。

110

## 項目26　ジェネリックインターフェイスとともに古いインターフェイスを実装すること

　堅牢なシステムを構築している場合には、もっと多くの作業が必要です。論理的には同じ型が複数のシステムに存在する場合、それらを統合する必要があるでしょう。たとえば、あるベンダーからeコマース用のシステムを購入し、別のベンダーからはフルフィルメントシステムを購入したとします。両方のシステムには、注文を表す`Store.Order`と`Shipping.Order`が定義されています。これらの型同士の同値関係を定義する必要があるわけです。その際、ジェネリックはあまり役に立ちません。型を越えた比較機能を実装しなければいけません。さらに、両方の`Order`を1つのコレクション内に格納する必要もあるかもしれません。この場合もやはりジェネリックは役立ちません。

　代わりに、たとえば次のようにして`System.Object`を使用した同値性チェックを実装することになります。

```
public static bool CheckEquality(object left, object right)
{
    if (left == null)
        return right == null;
    return left.Equals(right);
}
```

　2つの`person`オブジェクトを引数にして`CheckEquality()`メソッドを呼び出すと、予想しない結果が得られます。このメソッドでは、`IEquatable<Name>.Equals()`メソッドではなく、`System.Object.Equals()`が呼ばれてしまうのです！ `System.Object.Equals()`は参照の同値性をチェックするので、間違った結果が返されることになります。`IEquatable<T>.Equals`を実装しているのも、それが理由です。

　`CheckEquality()`メソッドが変更可能であれば、ジェネリックバージョンを作成することで正しいメソッドが呼ばれるようにできます。

```
public static bool CheckEquality<T>(T left, T right)
    where T : IEquatable<T>
{
    if (left == null)
        return right == null;
    return left.Equals(right);
}
```

　当然ながら、`CheckEquality()`メソッドが自分の管理下にあるコードではなく、サードパーティライブラリや.NET BCLのものであればこの解決策は使用できません。従来の`Equals`メソッドをオーバーライドして、`IEquatable<T>.Equals`メソッドを呼び出すようにすることになります。

```
public override bool Equals(object obj)
{
```

```
        if (obj.GetType() == typeof(Name))
            return this.Equals(obj as Name);
        else return false;
}
```

このように変更すると、Name型の同値性をチェックするほとんどのメソッドが正しく動作するようになります。なお引数objをas演算子でNameにキャストする前に、objがName型かどうかをチェックしていることに注意してください。引数objがNameと互換性のない型の場合にas演算子はnullを返すので、このチェックは冗長ではないかと思うかもしれません。しかしobjがName派生のクラスだった場合にas演算子がName型の参照を返すという条件が考慮されていません。たとえNameの一部の値が同じだとしても、オブジェクト同士が同じだとは判定されません。

次にEqualsのオーバーライドに併せてGetHashCodeを実装します。

```
public override int GetHashCode()
{
    int hashCode = 0;
    if (Last != null)
        hashCode ^= Last.GetHashCode();
    if (First != null)
        hashCode ^= First.GetHashCode();
    if (Middle != null)
        hashCode ^= Middle.GetHashCode();
    return hashCode;
}
```

これもやはり、バージョン1.xで正しく動作するようにAPIを拡張しているだけです。

すべての親クラスを完全にサポートできるようにするには、いくつかの演算子の処理を変更する必要があります。IEquality<T>の場合、==演算子と!=演算子を実装します。

```
public static bool operator ==(Name left, Name right)
{
    if (left == null)
        return right == null;
    return left.Equals(right);
}
public static bool operator !=(Name left, Name right)
{
    if (left == null)
        return right != null;
    return !left.Equals(right);
}
```

同値性のチェックはこれで十分です。NameクラスはIComparable<T>も実装しているた

め、順序関係の演算子に対してもこれと同様に変更が必要です。アルゴリズム自体はすでに作成してあるため、IComparableインターフェイスを追加して、このインターフェイスのメソッドを実装するだけです。

```
public class Name :
    IComparable<Name>,
    IEquatable<Name>,
    IComparable
{
    // IComparable メンバ
    int IComparable.CompareTo(object obj)
    {
        if (obj.GetType() != typeof(Name))
            throw new ArgumentException(
                "引数はNameオブジェクトではありません");
        return this.CompareTo(obj as Name);
    }

    // その他のメンバは省略
}
```

非ジェネリックインターフェイスを明示的に実装していることに注意してください。このようにすると、ジェネリックインターフェイスを使用させたい場面で非ジェネリックインターフェイスが意図せず使用されないようにできます。通常、コンパイラは明示的に実装されたインターフェイスよりもジェネリックメソッドを選択します。非ジェネリックインターフェイス（IComparable）として型が指定された場合にのみ、これら非ジェネリック版のメソッドが呼ばれます。

IComparable<T>を実装するということはつまり、順序関係があるということです。したがって、より小さい演算子（<）とより大きい演算子（>）を実装する必要があります。

```
public static bool operator <(Name left, Name right)
{
    if (left == null)
        return right != null;
    return left.CompareTo(right) < 0;
}

public static bool operator >(Name left, Name right)
{
    if (left == null)
        return false;
    return left.CompareTo(right) < 0;
}
```

Name型の場合、順序関係と同値関係が両方とも定義されているため、<=演算子と>=演算子

も実装する必要があります。

```
public static bool operator <=(Name left, Name right)
{
    if (left == null)
        return true;
    return left.CompareTo(right) <= 0;
}

public static bool operator >=(Name left, Name right)
{
    if (left == null)
        return right == null;
    return left.CompareTo(right) >= 0;
}
```

　順序関係と同値関係はそれぞれ独立した関係であることを認識しておくべきです。同値性を持つ一方で、順序関係がないような型を定義できます。逆に、同値性を持たず、順序関係だけがあるような型を定義することもできます。

　先のコードでは、Equatable<T>とComparer<T>にあるような機能を実装しています。これらのクラスのDefaultプロパティは型パラメータTが型に固有の同値性あるいは順序関係を定義しているか確認します。もし定義されていない場合には、System.Objectのオーバーライドメソッドが呼ばれます。

　この項目では、ジェネリックインターフェイスと非ジェネリックインターフェイスの非互換性をデモとして紹介するために、同値性と順序関係を例としました。この非互換性には、別の側面もあります。たとえばIEnumerable<T>はIEnumerableから派生していますが、完全な機能を持ったコレクションインターフェイスでは異なります。ICollection<T>もIList<T>も、それぞれICollectionとIListから派生しているわけではありません。しかしICollection<T>とIList<T>はいずれもIEnumerable<T>を継承しているため、どちらもIEnumerableインターフェイスをサポートします。

　ほとんどの場合、適切なシグネチャを持ったメソッドをクラス内に追加するだけで非ジェネリックインターフェイスをサポートできます。新しいバージョンのインターフェイスが優先して呼ばれるようにするには、IComparable<T>とIComparableのように、非ジェネリックインターフェイスを明示的に実装します。Visual Studioなどのツールには、インターフェイスのメソッドスタブを生成するようなウィザードが用意されています。

　ジェネリックが.NET Framework 1.0の頃から実装されていればどんなによかったことでしょう。しかし実際にはそうではなく、ジェネリック以前のコードも多数存在します。今でもやはり、それら古いコードを使用して新しいコードを作成しなければいけません。そのため、誤用を避けるために明示的に実装すれば十分ですが、非ジェネリックインターフェイスを引き続きサポートする必要があります。

## 項目27　最小限に制限されたインターフェイスを拡張メソッドにより機能拡張する

　C#の拡張メソッドの機能を使用すると、インターフェイスに対して作成者以外の開発者がメソッドを追加できるようになります。インターフェイスには最小限の機能を定義しておき、拡張メソッドを用意するようにすることで、インターフェイスの機能を簡単に拡張できます。APIとして定義するのではなく、挙動を追加できるわけです。

　このテクニックはSystem.Linq.Enumerableクラスに応用されています。System.EnumerableにはIEnumerable<T>に対する拡張メソッドが50以上も定義されています。たとえばWhereやOrderBy、ThenBy、GroupIntoといったメソッドがあります。これらをIEnumerable<T>に対する拡張メソッドとして定義することには大きなアドバンテージがあります。まず、すでにIEnumerable<T>を実装しているクラスを変更する必要がありません。IEnumerable<T>を実装するクラスに新しい責務が追加されるわけではないので、GetEnumerator()が実装されていれば十分です。また、IEnumerator<T>の場合にはCurrentとMoveNext()、Reset()だけが定義されていればよいのです。一方、多数の拡張メソッドが定義されることによって、C#コンパイラがすべてのコレクションに対してクエリ演算を行うことができるようになっています。

　拡張メソッドのテクニックは自分のコードにも応用できます。IComparable<T>はC言語由来のパターンに従うため、left ＜ rightであればleft.CompareTo(right)は0未満の値を返し、left ＞ rightであればleft.CompareTo(right)は0より大きい値を返します。leftとrightが等しい場合、left.CompareTo(right)は0を返します。このパターンはあちこちで使われているように思いますが、あまり直感的ではありません。left.LessThan(right)やleft.GreaterThanEqual(right)とした方がわかりやすいでしょう。拡張メソッドを使用すれば簡単に実現できます。具体的には以下のようにします。

```
public static class Comparable
{
    public static bool LessThan<T>(this T left, T right)
        where T : IComparable<T> => left.CompareTo(right) < 0;

    public static bool GreaterThan<T>(this T left, T right)
        where T : IComparable<T> => left.CompareTo(right) < 0;

    public static bool LessThanEqual<T>(this T left, T right)
        where T : IComparable<T> => left.CompareTo(right) <= 0;

    public static bool GreaterThanEqual<T>(this T left, T right)
        where T : IComparable<T> => left.CompareTo(right) <= 0;
}
```

## 第3章　ジェネリックによる処理

　スコープ内にusing句が指定されていれば、IComparable<T>を実装するすべてのクラスに対してこれらのメソッドが呼び出せるようになります。インターフェイスを実装する側では1つのメソッド（CompareTo）だけを実装すればよく、使用する側では可読性に優れたメソッドとして呼び出すことができるというわけです。

　アプリケーションで独自に定義するインターフェイスに対しても同じテクニックを応用すべきです。機能の多いインターフェイスを定義するのではなく、必要最小限の機能だけをインターフェイスに定義します。最小限の機能を持ったインターフェイスに対して、補助的なメソッドを用意する場合には拡張メソッドとして実装します。インターフェイスに多数のメソッドを定義するよりも、拡張メソッドとして定義した方が、使用する側で実装すべきメソッドが少なくなり、機能としても充実するでしょう。

　このようにインターフェイスと拡張メソッドを組み合わせることで、インターフェイスのデフォルト機能をメソッドとして実装できるようになります。それにより、インターフェイスに定義された機能を再利用して実装できるようになります。インターフェイスを定義する場合、既存のインターフェイスのメンバを使用してそのメソッドを実装できるか確認すべきです。該当するようなメソッドがある場合、その機能を拡張メソッドとして実装することで、インターフェイスを実装する際に再利用できるようになります。

　拡張メソッドとして用意されている機能を使わずに、独自にその機能を実装する必要があるクラスの場合、思いがけない挙動になる場合があることに注意してください。呼び出し対象のメソッドを解決する規則からすると、拡張メソッドよりもクラスに定義されたメソッドの方が優先されますが、これはコンパイル時に解決される場合です。インターフェイスを使用するようになっているコードの場合、型に定義されたメソッドよりも拡張メソッドの方が優先されます。

　以下のような、若干恣意的な例で説明しましょう。まずマーカーを保持するような単純なインターフェイスがあります。

```
public interface IFoo
{
    int Marker { get; set; }
}
```

　そしてマーカーをインクリメントする拡張メソッドを用意します。

```
public static class FooExtensions
{
    public static void NextMarker(this IFoo thing)
    {
        thing.Marker += 1;
    }
}
```

## 項目27　最小限に制限されたインターフェイスを拡張メソッドにより機能拡張する

コード内では、以下のようにして拡張メソッドを使用します。

```
class MyType : IFoo
{
    public int Marker { get; set; }
    public void UpdateMarker() => this.NextMarker();
}

// 別の場所にて
MyType t = new MyType();
t.UpdateMarker(); // t.Marker == 1
```

時が経ち、独自のNextMarkerを持った新しい型を別の開発者が作成したとします。MyTypeがNextMarkerを含んでいることがポイントです。

```
// MyType バージョン2
class MyType2 : IFoo
{
    public int Marker { get; set; }
    public void NextMarker() => Marker += 5;
    public void UpdateMarker() => this.NextMarker();
}
```

このコードはアプリケーションに対する破壊的変更になります。以下のコードの結果、Markerの値が5になります。

```
MyType t = new MyType();
t.UpdateMarker(); // t.Marker == 5
```

この問題を完全に回避することはできませんが、影響を最小限に抑えることは可能です。この例は意図的に問題のある動作となるように実装しています。製品用のコードの場合、拡張メソッドの挙動は同じシグネチャを持つクラスメソッドと意味的に同じ挙動となるべきです。アルゴリズム的に優れた、あるいは効率に優れたメソッドをクラスに定義できるのであればそうすべきですが、意味的に同じ挙動となるように実装します。もし挙動を変えてしまうと、プログラムに思いがけない問題を引き起こします。

多数のクラスにおいて実装されなければならないインターフェイスを定義する場合、インターフェイスとして定義されたメンバは最小限に抑えるべきです。そして、補助的な機能を拡張メソッドとして定義します。このようにすることで、インターフェイスを実装する側では作業量を最小にできる上、インターフェイスを使用する側の利便性を最大化できます。

## 項目28　構築された型に対する拡張メソッドを検討すること

アプリケーション内では、多数の構築されたジェネリック型が使用されることになるでしょう。たとえばコレクション型の場合、List<int>やDictionary<EmployeeID、Employee>といった構築された型[†1]が該当します。これらのコレクションが必要になる理由としては、アプリケーション内において特定の型のコレクションが必要で、これら構築された型に固有の機能を使用する必要があるからです。そういった機能を少ない負荷で実装するには、構築された型に対する拡張メソッドを作成するとよいでしょう。

System.Linq.Enumerableクラスはこのパターンで実装されています。項目27ではIEnumerable<T>に対する拡張メソッドとして、シーケンスに対するさまざまな機能がEnumerable<T>に実装されているという説明をしました。また、EnumerableにはIEnumerable<T>を実装する特定の構築された型用のメソッドも多数定義されています。たとえば数値シーケンス（IEnuemrable<int>やIEnumerable<double>、IEnumerable<long>、IEnumerable<float>）に対するメソッドなどがあります。IEnumerable<int>に対する拡張メソッドの一部を以下に紹介します。

```
public static class Enumerable
{
    public static int Average(this IEnumerable<int> sequence);
    public static int Max(this IEnumerable<int> sequence);
    public static int Min(this IEnumerable<int> sequence);
    public static int Sum(this IEnumerable<int> sequence);

    // その他のメソッドは省略
}
```

このパターンを活用すると、独自のコードに存在する構築された型のための拡張メソッドを実装する方法が多数あることがわかるでしょう。たとえばeコマース用のアプリケーションを作成していて、顧客に対してメールクーポンを一斉送信する機能を実装する場合、以下のようなメソッドシグネチャになるでしょう。

```
public static void SendEmailCoupons(this
    IEnumerable<Customer> customers, Coupon specialOffer)
```

同様に、直近1か月で注文のなかった顧客一覧は以下のようなメソッドになるでしょう。

```
public static IEnumerable<Customer> LostProspects(
    IEnumerable<Customer> targetList)
```

---

†1：[訳注] 構築された型とは、型引数に対して、具体的な型が指定されたジェネリック型のこと。

もし拡張メソッドが使用できないとすると、構築された型から派生している新しい型を用意することになります。たとえば、Customer用のメソッドは以下のようになるでしょう。

```
public class CustomerList : List<Customer>
{
    public void SendEmailCoupons(Coupon specialOffer)
    public static IEnumerable<Customer> LostProspects()
}
```

このコードでも機能しますが、顧客のリストを処理する側としてはIEnumerable<Customer>の拡張メソッドよりもかなり自由度が低いものになります。メソッドのシグネチャの違いからもその理由が見て取れます。拡張メソッドではIEnumerable<Customer>を引数として取っていましたが、派生クラスで追加したメソッドではList<Customer>が処理対象になります。つまり具体的なストレージモデルが必要です。そのため、これらの追加メソッドは一連のイテレータメソッド（項目31）と組み合わせることができません。メソッドを使用する側に不必要な制約を強いるデザインになってしまいます。これは継承関係の用法としては不適切です。

拡張メソッドを推奨するもう1つの理由は、クエリを組み合わせられるようになっていなければいけないという点です。LostProspects()メソッドはおそらく以下のようなコードになります。

```
public static IEnumerable<Customer> LostProspects(
    IEnumerable<Customer> targetList)
{
    IEnumerable<Customer> answer =
        from c in targetList
        where DateTime.Now - c.LastOrderDate > TimeSpan.FromDays(30)
        select c;
    return answer;
}
```

拡張メソッドとして実装することで、ラムダ式として表現されたクエリを再利用できるようになります。where句の条件を再利用するのではなく、クエリ全体を再利用できるわけです。

作成中のアプリケーションやライブラリにおいてオブジェクトモデルを扱う場合、構築された型をストレージモデルとするような場面に頻繁に遭遇することでしょう。これらの構築された型をよく確認し、それぞれに対してどのようなメソッドを追加すべきかを決定することになるでしょう。その場合の最善策は、構築された型、あるいは構築されたインターフェイスを、実装する型に対する拡張メソッドとして機能を実装することです。それにより、ジェネリック型のインスタンスを生成するだけで、必要な機能がすべて揃った状態にできるでしょう。さらに、ストレージモデルと実装とを可能な限り分離できるようになります。

# 第4章　LINQを扱う処理

　C# 3.0で追加された主要な言語機能と言えばLINQでした。この新機能は、遅延クエリのサポートや、LINQ to SQLをサポートするようなクエリをSQLに変換する機能、さまざまなデータストアに対する共通の文法を追加する必要性から生まれたものです。本章では、データに対するクエリだけではなく、さまざまなLINQのテクニックを紹介していきます。使用する機能としては、ソースの種類に関わらずデータを取得するためのものがほとんどです。

　LINQの目標としては、ありとあらゆるデータソースに対して、同じ処理を同じ言語機能で実装できるようにすることです。しかし、すべてのデータソースに同じ文法が使用できたとしても、クエリと実際のデータソースとを結び付けるクエリプロバイダはさまざまな方法で処理を実装できます。この挙動を理解することによって、各種データソースを横断的に処理できるようになります。また、独自のデータプロバイダを実装することもできます。

## 項目29　コレクションを返すメソッドではなくイテレータを返すメソッドとすること

　たいていの場合、単一のオブジェクトを返すのではなく、項目のシーケンスを返すようにメソッドを実装することになるでしょう。シーケンスを返すメソッドを実装する場合、常にイテレータメソッドとして作成すべきです。それにより、メソッドを呼び出す側でさらに多くの選択肢が手に入ることになります。

　イテレータメソッドとは、`yield return`を使用して必要に応じてシーケンスの要素を生成するようなメソッドのことです。たとえば以下のイテレータメソッドはアルファベットの小文字を順にシーケンスとして返します。

```
public static IEnumerable<char> GenerateAlphabet()
{
    var letter = 'a';
    while (letter <= 'z')
    {
```

```
            yield return letter;
            letter++;
        }
    }
```

イテレータメソッドの興味深い点はその実装方法ではなく、コンパイラの変換方法にあります。上のコードに対して、以下のようなクラスが生成されます。

```
public class EmbeddedIterator : IEnumerable<char>
{
    public IEnumerator<char> GetEnumerator() =>
        new LetterEnumerator();

    IEnumerator IEnumerable.GetEnumerator() =>
        new LetterEnumerator();

    public static IEnumerable<char> GenerateAlphabet() =>
        new EmbeddedIterator();

    private class LetterEnumerator : IEnumerator<char>
    {
        private char letter = (char)('a' - 1);

        public bool MoveNext()
        {
            letter++;
            return letter <= 'z';
        }

        public char Current => letter;

        object IEnumerator.Current => letter;

        public void Reset() =>
            letter = (char)('a' -1);

        void IDisposable.Dispose() {}
    }
}
```

イテレータメソッドが呼ばれると、このコンパイラによって生成されたクラスのオブジェクトが作成されます。そしてこのオブジェクトがシーケンスを生成しますが、それは呼び出し側のメソッドがシーケンスを要求した場合に限られます。今回のような小さなシーケンスの場合には大した影響がありませんが、.NET Frameworkで定義されている`Enumerable.Range()`のようなメソッドを考えてみましょう。このメソッドは数値のシーケンスを返すため、以下のようにして非負整数を取得できます。

```
var allNumbers = Enumerable.Range(0, int.MaxValue);
```

## 項目29　コレクションを返すメソッドではなくイテレータを返すメソッドとすること

このメソッドはシーケンスが要求された場合に数値を返すオブジェクトを生成します。呼び出し側ではイテレータメソッドから返された値をコレクションに保持したりしない限り、巨大なコレクションの面倒を見る必要がありません。`Enumerable.Range()`を使用して巨大なシーケンスを生成できますが、一部の結果だけを使用できるのです。必要とするすべての値だけを返すような場合には非効率ですが、すべての値を生成して保持させるよりは効率的です。また、たいていの場合には使用するオブジェクトのみを生成することはそう簡単ではありません。たとえば外部センサーからデータを読み取ったり、ネットワーク上のリクエストを処理したり、あるいは特定の時間内に大量のデータを処理したりする場合を考えてみてください。

この必要な分だけ生成するという戦略は、イテレータメソッドを作成する際に重要なポイントとなります。イテレータメソッドはシーケンスを生成する方法を把握しているようなオブジェクトを作成します。シーケンスを生成するコードはシーケンス内の要素が要求された場合にのみ実行されます。すなわち、生成用のメソッドが呼び出された際には、非常に小さなサイズのコードだけが実行されます。

シーケンスの生成時に引数を取るような、別のメソッドの例を考えてみましょう。

```csharp
public static IEnumerable<char>
    GenerateAlphabetSubset(char first, char last)
{
    if (first < 'a')
        throw new ArgumentException(
            "1文字目はa以降にする必要があります", nameof(first));
    if (first > 'z')
        throw new ArgumentException(
            "1文字目はz以前にする必要があります", nameof(first));
    if (last < first)
        throw new ArgumentException(
            "最後の文字は1文字目より後方になければいけません", nameof(last));
    if (last > 'z')
        throw new ArgumentException(
            "最後の文字はz以前にする必要があります", nameof(last));
    var letter = first;
    while (letter <= last)
    {
        yield return letter;
        letter++;
    }
}
```

コンパイラは以下のようなメソッドを生成します。

```csharp
public class EmbeddedSubsetIterator : IEnumerable<char>
{
    private readonly char first;
    private readonly char last;
    public EmbeddedSubsetIterator(char first, char last)
```

```csharp
{
    this.first = first;
    this.last = last;
}
public IEnumerator<char> GetEnumerator() =>
    new LetterEnumerator(first, last);

IEnumerator IEnumerable.GetEnumerator() =>
    new LetterEnumerator(first, last);

public static IEnumerable<char> GenerateAlphabetSubset(
    char first, char last) =>
        new EmbeddedSubsetIterator(first, last);

private class LetterEnumerator : IEnumerator<char>
{
    private readonly char first;
    private readonly char last;

    private bool isInitialized = false;

    public LetterEnumerator(char first, char last)
    {
        this.first = first;
        this.last = last;
    }

    private char letter = (char)('a' - 1);

    public bool MoveNext()
    {
        if (!isInitialized)
        {
            if (first < 'a')
                throw new ArgumentException(
                    "1文字目はa以降にする必要があります", nameof(first));
            if (first > 'z')
                throw new ArgumentException(
                    "1文字目はz以前にする必要があります", nameof(first));
            if (last < first)
                throw new ArgumentException(
                    "最後の文字は1文字目より後方になければいけません",
                    nameof(last));
            if (last > 'z')
                throw new ArgumentException(
                    "最後の文字はz以前にする必要があります", nameof(last));
            letter = (char)(first -1 );
        }
        letter++;
        return letter <= last;
    }

    public char Current => letter;
```

項目29　コレクションを返すメソッドではなくイテレータを返すメソッドとすること

```csharp
        object IEnumerator.Current => letter;

        public void Reset() => isInitialized = false;

        void IDisposable.Dispose() {}
    }
}
```

このコードでは最初の要素が要求されるまで引数のチェックを行いません。そのため、このメソッドが間違って呼び出されてしまうと、エラーを検出する作業や修正する作業がさらに難しくなります。エラーが発生した場合には、その時点で例外がスローされるのではなく、メソッドから返された値を使用しようとした時点でエラーになります。コンパイラの挙動を変更させることはできませんが、シーケンスの初回生成時に引数をチェックする機能を分離するようにコードを修正することは可能です。先の例の場合、以下のようにメソッドを分離させます。

```csharp
public static IEnumerable<char> GenerateAlphabetSubset(
    char first, char last)
{
    if (first < 'a')
        throw new ArgumentException(
            "1文字目はa以降にする必要があります", nameof(first));
    if (first > 'z')
        throw new ArgumentException(
            "1文字目はz以前にする必要があります", nameof(first));
    if (last < first)
        throw new ArgumentException(
            "最後の文字は1文字目より後方になければいけません",
            nameof(last));
    if (last > 'z')
        throw new ArgumentException(
            "最後の文字はz以前にする必要があります", nameof(last));
    return GenerateAlphabetSubsetImpl(first, last);
}
private static IEnumerable<char> GenerateAlphabetSubsetImpl(
    char first, char last)
{
    var letter = first;
    while (letter <= last)
    {
        yield return letter;
        letter++;
    }
}
```

このようにすると、メソッドが不適切な引数で呼び出された場合、privateメソッドとして実装されている生成用のコードが呼び出される前に例外がスローされるようになります。つま

り呼び出す側ではシーケンスにアクセスしようとするタイミングではなく、メソッドを呼び出した時点で即座に例外を確認できるようになるということです。そのため、どこで間違いが起きたのかがすぐにわかります。

これまでの説明からすると、イテレータメソッドは推奨されていないように思えるかもしれません。シーケンスが繰り返し使用されて、キャッシュできるとしたらどうでしょうか？その判断はシーケンスを生成するメソッドを呼び出す側に委ねられます。作成したメソッドがどのように呼び出されるのかを想定しようとしてはいけません。呼び出し側には呼び出し側の判断があり、必要であればシーケンスを返すメソッドの結果をキャッシュします。`ToList()`や`ToArray()`メソッドは`IEnumerable<T>`である任意のシーケンスからコレクションを作成します。したがって、シーケンスを返すメソッドを作成することによって、効率的にコレクションを保持することと、シーケンスを効率よく生成することという、両方の利点が得られるのです。公開APIがシーケンスを返す場合、手軽にシーケンスを作成するという機能はサポートできません。もしもそのように設計することで明確な利点が得られるのであれば、内部的に結果をキャッシュしておくようにすればよいでしょう。

メソッドはさまざまな型を返り値とすることができますが、それにかかるコストは型それぞれで異なります。シーケンスを返すメソッドの場合、すべてのシーケンスを生成するためには大きなコストがかかることでしょう。このコストは計算時間とデータ保存領域の両方にかかります。APIの使用方法を使用者に期待することはできませんが、簡単に使用できるようなAPIを用意することはできます。たとえば生成用メソッドなどを作成すればよいでしょう。自作のメソッドが必要な分だけを返すように実装されていれば、ToListやToArrayを使用することでメソッドを呼び出す側でシーケンス全体を取得できますし、生成された分だけを処理することもできます。

## 項目30　ループよりもクエリ構文を使用すること

C#には`for`、`while`、`do...while`、`foreach`以外の制御構造がありません。しかしもっとおすすめの構文があります。それがクエリ構文です。

クエリ構文を使用することにより、命令的なプログラムのロジックを宣言的に記述できるようになります。クエリ構文は問題が何であるかを定義し、その答えを返す方法を特定の実装へと遅延させるものです。この項目では、クエリ構文と同じ利点をメソッド呼び出し形式でも得られるようにする方法を説明します。重要なポイントはそれがクエリ構文であることと、クエリ式パターンを実装するようにメソッド構文を拡張することによって、ループ構造の命令を使用するよりも明確に開発者側の意図を伝えることができるようになるということです。

以下のコードでは、配列の値を設定して、それらをコンソールに出力するメソッドを命令的に実装しています。

```
var foo = new int[100];

for (var num = 0; num < foo.Length; num++)
    foo[num] = num * num;

foreach (int i in foo)
    Console.WriteLine(i.ToString());
```

この小さなコードからでも、何を実行したいのかということよりも、どうやって実行したいのかという方に焦点が当てられていることがわかります。このコードをクエリ構文として書き直すことで、コードの可読性を上げ、別のコードとも組み合わせられるようになります。

まず、配列を生成するコードをクエリの結果となるように書き換えます。

```
var foo = (from n in Enumerable.Range(0, 100)
           select n * n).ToArray();
```

そして2つ目のループも同じように変更します。ただし、すべての要素に対して処理を実行するような拡張メソッドを実装する必要があります。

```
foo.ForAll((n) => Console.WriteLine(n.ToString()));
```

.NET BCLにはList<T>に対するForAllが実装されています。これはIEnumerable<T>を作成する機能と同様に単純なものです。

```
public static class Extensions
{
    public static void ForAll<T>(this IEnumerable<T> sequence,
        Action<T> action)
    {
        foreach (T item in sequence)
            action(item);
    }
}
```

このメソッドは小さく、単純な処理を行うものでしかないため、それほど利点がないように見えるかもしれません。実際それはその通りです。別の問題を見てみましょう。

多くの処理ではネストされたループが必要になります。たとえば整数0から99までの値を持つ(X,Y)のペアを生成する必要があるとします。そうすると次のようにネストされたループを使うことになるでしょう。

```
private static IEnumerable<Tuple<int, int>> ProduceIndices()
{
    for (var x = 0; x < 100; x++)
```

```
        for (var y = 0; y < 100; y++)
            yield return Tuple.Create(x, y);
}
```

このコードをクエリ構文で書き直すことも当然できます。

```
private static IEnumerable<Tuple<int, int>> QueryIndices()
{
    return from x in Enumerable.Range(0, 100)
           from y in Enumerable.Range(0, 100)
           select Tuple.Create(x, y);
}
```

これらは同じように見えますが、問題が複雑化した場合でもクエリ構文の方がコードをシンプルにできます。XとYの和が100未満の場合にのみ結果を返すようにしてみましょう。2つのメソッドを比較してください。

```
private static IEnumerable<Tuple<int, int>> ProduceIndices2()
{
    for (var x = 0; x < 100; x++)
        for (var y = 0; y < 100; y++)
            if (x + y < 100)
                yield return Tuple.Create(x, y);
}
private static IEnumerable<Tuple<int, int>> QueryIndices2()
{
    return from x in Enumerable.Range(0, 100)
           from y in Enumerable.Range(0, 100)
           where x + y < 100
           select Tuple.Create(x, y);
}
```

まだ似た形をしていますが、命令形式のコードでは結果を返すためのコードが次第に文法に邪魔されてわかりづらくなってきています。問題をさらに変更してみましょう。原点からの距離の逆順で座標を返すようにします。

以下のメソッドはいずれも同じ結果を返します。

```
private static IEnumerable<Tuple<int, int>> ProduceIndices3()
{
    var storage = new List<Tuple<int, int>>();
    for (var x = 0; x < 100; x++)
        for (var y = 0; y < 100; y++)
            if (x + y < 100)
                storage.Add(Tuple.Create(x, y));

    storage.Sort((point1, point2) =>
```

```
            (point2.Item1*point2.Item1 + point2.Item2 *
            point2.Item2).CompareTo(
            point1.Item1 * point1.Item1 + point1.Item2 *
            point1.Item2));
        return storage;
    }

    private static IEnumerable<Tuple<int, int>> QueryIndices3()
    {
        return from x in Enumerable.Range(0, 100)
               from y in Enumerable.Range(0, 100)
               where x + y < 100
               orderby (x*x + y*y) descending
               select Tuple.Create(x, y);
    }
```

はっきりとした違いが表れました。命令形式のコードはかなりわかりづらいものです。一見しただけでは比較関数の引数が逆になっていることにほとんど気がつかないでしょう。

これによって逆順にソートされるようにしています。コメントや文書として記述がなければ、命令形式のコードはかなり読みづらいものになりました。

引数の順序が逆になっていた場合に、それがエラーの原因だと気づくことができるでしょうか。命令的モデルの場合は処理の方法に重点が置かれるため、処理を見落としやすく、結果を得るために必要な処理が何であったかという元々の目的を見失いやすくなります。

ループ構造よりもクエリ形式を使用した方がいいもう1つの理由としては、クエリ形式の方が組み合わせ可能なAPIを作成しやすいという利点があるからです。クエリ構文を使用すると、シーケンスに対して1つの処理を実行する小さなコードを組み合わせてアルゴリズムを実装できるようになります。クエリに対する遅延実行モデルのおかげで、単一の処理を組み合わせて複数の処理とすることによって、シーケンスを一度走査するだけで処理を完了させることができます。ループの組み合わせでは同様の機能を実装できません。ステップごとに中間データを作成するか、シーケンスに対する処理の組み合わせごとにメソッドを定義することになります。

この利点は先ほどのコードからもわかります。処理としては、フィルタ（where句）とソート（orderby句）、射影（select句）が組み合わされています。これらの処理は1回の走査中に行われます。命令形式のコードの場合、中間データを作成してから逆順でソートすることになります。

これまではクエリ構文を使用した説明をしましたが、クエリ構文はそれぞれ対応するメソッドを呼び出す形式にもできます。クエリ構文の方が自然な場合もあれば、メソッド呼び出し形式の方が自然な場合もあります。先の例であればクエリ構文の方が可読性に優れていますが、メソッド呼び出し形式では以下のようになります。

```
private static IEnumerable<Tuple<int, int>> MethodIndices3()
{
    return Enumerable.Range(0, 100).
        SelectMany(x => Enumerable.Range(0,100),
            (x,y) => Tuple.Create(x,y)).
        Where(pt => pt.Item1 + pt.Item2 < 100).
        OrderByDescending(pt =>
            pt.Item1* pt.Item1 + pt.Item2 * pt.Item2);
}
```

　これはクエリ構文とメソッド呼び出し形式の可読性の問題です。今回の場合にはクエリ構文の方が適しているように思いますが、別の状況ではメソッド呼び出し形式の方が適しているでしょう。また、一部のメソッドには対応するクエリ構文がありません。Take、TakeWhile、Skip、SkipWhile、Min、Maxのそれぞれはメソッド呼び出し形式でしか使用できません。VB.NETなどの他の言語では、多くのメソッドに対するクエリキーワードが用意されています。

　ループよりもクエリの方がパフォーマンスが低いという意見やデータもあります。クエリよりもパフォーマンスの出ないループを手書きすることも確かにできますが、常にそうだというわけではありません。クエリ構文が特定の状況において思うよりもパフォーマンスに優れない場合、パフォーマンスを計測すべきです。ただし、アルゴリズムを再実装する前に、まずLINQの並列バージョンを試してみるべきです。クエリ構文には、.AsParallel()メソッドを呼び出すだけでクエリを並列実行できるという利点もあります。

　C#がリリースされた当初は命令形式の構文だけがサポートされていました。また、依然としてあらゆる機能においてサポートされています。使い慣れたツールは手元に置いておきたくなるものですが、それが一番優秀なツールだとは限りません。ループ形式のコードが必要になった場合、それをクエリ形式で記述できないか検討してみるとよいでしょう。クエリ構文が機能しないようであれば、メソッド呼び出し形式を試すとよいでしょう。ほとんどの場合において、命令形式のループを記述するよりもクエリ形式の方がコードが簡潔になるでしょう。

## 項目31　シーケンス用の組み合わせ可能なAPIを作成する

　プログラムを作成する場合、たいていはループ処理が必要になるでしょう。単一の項目を処理するよりも、シーケンスを処理するプログラムの方が多いはずで、foreachやfor、whileといったキーワードを使用して処理することになるでしょう。つまりコレクションを入力として受け取り、項目を確認または変更し、別のコレクションを返すようなメソッドを作成することになるでしょう。

　しかし、コレクション全体を処理するという戦略は非常に効率の悪いものです。たいていの場合には1つ以上の処理を実行することになるからです。さらには、入力されたコレクションを何回か変換した後、最終的な結果とする場合も多いでしょう。処理の途中では、中間結果を

保持しておくために（おそらく巨大な）コレクションを複数作成することになるわけです。また、1つ前の処理が完全に完了するまで、たとえ先頭の要素であっても先に次の処理を始めるわけにはいきません。さらに、この戦略では変換のたびにコレクション全体を走査することになり、コレクション内の要素を何度も変換するようなアルゴリズムの場合、実行時間が増大化します。

別の方法としては、1つのループ内ですべての変換処理を実行して、1回の走査で最終的なコレクションを作成するようなメソッドにします。このアプローチであれば走査が1回で済ませられるため、アプリケーションのパフォーマンスにも問題が起こりません。また、N個の要素を持ったコレクションを手順ごとに作成する必要もなくなるため、メモリフットプリントも小さくなります。しかし、この方法では再利用性が犠牲になります。複数の処理をまとめて実行するよりも、個々の変換処理を実行する方が頻度としては高いはずです。

C#では**イテレータ**を使用することによって、必要になった時点でシーケンスの要素を処理して変換するような処理を実装できます。イテレータメソッドを実装するには、メソッド内で`yield return`式を使用してシーケンスを返すようにします。また、入力としては1つのシーケンス（IEnumerable<T>）を取り、出力として1つのシーケンス（別のIEnumerable<T>）を返すようにします。`yield return`式を活用すると、イテレータメソッドではシーケンス全体の要素に対するデータ領域を確保する必要がなくなり、必要に応じて入力シーケンスの次の要素をリクエストし、出力シーケンスの次の値を要求された場合にのみ出力できるようになります。

つまり、入力および出力引数をIEnumerable<T>またはIEnumerable<T>派生の型として処理するように思考を切り替えることになります。多くの開発者が及び腰になるのはこれが理由です。しかしこのように切り替えることで、いろいろな恩恵が得られます。たとえば、さまざまな方法で組み合わせることが可能で、再利用性に優れた機能を自然に実装できます。さらに、シーケンスを1回走査するだけで複数の処理を行うことができるようになり、実行時のパフォーマンス向上が見込めます。各イテレータメソッドは、N番目の要素が初回リクエストされた際にのみ、その要素を処理するコードを実行します。この**遅延実行モデル**（項目37参照）では、アルゴリズムで使用するデータ領域も小さくなり、従来の宣言的なメソッドよりも簡単に組み合わせられます（項目40参照）。また、ライブラリの機能を拡張していくことで、異なる処理を異なるCPUコアで処理するようにし、パフォーマンスを上げることもできます。さらに、たいていの場合にはメソッドの本体で処理対象の型を限定する必要もありません。つまりイテレータメソッドをジェネリックメソッドとすることにより、再利用性をさらに向上させることもできるのです。

イテレータメソッドの利点を説明するために、単純なコードで変換処理を実装してみましょう。以下のメソッドでは、整数の配列を入力に取り、出力コンソールに重複なく値を出力します。

第4章 LINQを扱う処理

```
public static void Unique(IEnumerable<int> nums)
{
    var uniqueVals = new HashSet<int>();
    foreach (var num in nums)
    {
        if (!uniqueVals.Contains(num))
        {
            uniqueVals.Add(num);
            WriteLine(num);
        }
    }
}
```

これは単純なメソッドですが、再利用可能なコードがまったくありません。しかし場合によってはこのメソッドがプログラム中で役立つ場所もあるでしょう。

同じ処理を以下のように書き換えてみます。

```
public static IEnumerable<int> UniqueV2(IEnumerable<int> nums)
{
    var uniqueVals = new HashSet<int>();
    foreach (var num in nums)
    {
        if (!uniqueVals.Contains(num))
        {
            uniqueVals.Add(num);
            yield return num;
        }
    }
}
```

UniqueV2は一意な数値を含んだシーケンスを返します。以下のようにして呼び出します。

```
foreach (var num in UniqueV2(nums))
    WriteLine(num);
```

何も違いがない、あるいはこちらの方が非効率に思えるかもしれませんが、実際にはそうではありません。UniqueV2に追跡用のコードを追加して、何が起きているのかを確認できるようにしてみましょう。

Uniqueを以下のように変更します。

```
public static IEnumerable<int> Unique(IEnumerable<int> nums)
{
    var uniqueVals = new HashSet<int>();
    WriteLine("\tUniqueを実行中");
    foreach (var num in nums)
    {
        WriteLine($"\t{num} を評価中");
```

## 項目31　シーケンス用の組み合わせ可能なAPIを作成する

```
        if (!uniqueVals.Contains(num))
        {
            WriteLine("\t{num} を追加中");
            uniqueVals.Add(num);
            yield return num;
            WriteLine("\tyield return後に再実行中");
        }
    }
    WriteLine("\tUniqueを終了中");
}
```

このバージョンを実行すると以下の結果になります。

```
    Uniqueを実行中
    0 を評価中
    0 を追加中
0
    yield return後に再実行中
    3 を評価中
    3 を追加中
3
    yield return後に再実行中
    4 を評価中
    4 を追加中
4
    yield return後に再実行中
    5 を評価中
    5 を追加中
5
    yield return後に再実行中
    7 を評価中
    7 を追加中
7
    yield return後に再実行中
    3 を評価中
    2 を評価中
    2 を追加中
2
    yield return後に再実行中
    7 を評価中
    8 を評価中
    8 を追加中
8
    yield return後に再実行中
    0 を評価中
    3 を評価中
    1 を評価中
    1 を追加中
1
    yield return後に再実行中
    Uniqueを終了中
```

この興味深い動作の要点はyield returnにあります。yield return式は値を返した後、現在の位置情報と内部走査状態を記憶します。これで入力と出力がイテレータであり、シーケンス全体を処理するメソッドが作成できます。イテレータメソッドでは、内部的に入力シーケンスの現在位置が記憶されながら、出力シーケンスに含まれることになる次の要素が繰り返し返されます。このメソッドは**継続可能なメソッド**なのです。継続可能メソッドでは現在の状態が記憶されているため、コードが再度実行されると現在位置から引き続いて処理が進みます。

Unique()が継続可能メソッドとなることで2つの利点が得られます。まず、各要素を遅延評価できるようになります。次に、遅延評価できることによって、メソッドを簡単に組み合わせられるようになります。こちらの方が重要な利点で、それぞれのメソッドがforeachループを持つ場合には難しかった機能です。

Unique()は入力シーケンスを整数に限定しません。したがって、ジェネリックメソッドとするのが適切です。

```
public static IEnumerable<T> UniqueV3<T>(IEnumerable<T>sequence)
{
    var uniqueVals = new HashSet<T>();
    foreach (T item in sequence)
    {
        if (!uniqueVals.Contains(item))
        {
            uniqueVals.Add(item);
            yield return item;
        }
    }
}
```

上のようなイテレータメソッドの真価は、複数の処理を組み合わせられるという点にあります。たとえば最終的なシーケンスに一意な数値それぞれの2乗が含まれるようにしたいとします。イテレータメソッドSquareは単純なコードの組み合わせで実装できます。

```
public static IEnumerable<int> Square(IEnumerable<int> nums)
{
    foreach (var num in nums)
        yield return num * num;
}
```

このメソッドはネストして呼び出すことができます。

```
foreach (var num in Square(Unique(nums)))
    WriteLine($"SquareとUniqueから返された数値: {num}");
```

いろいろなイテレータメソッドが多数呼び出されたとしても、入力されたシーケンスの走査

は1回しか行われません。アルゴリズムを擬似コードで説明すると、図4-1のような処理の流れになります。

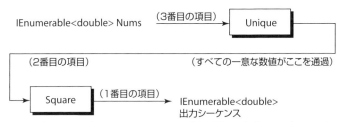

**図4-1**：各項目は一連のイテレータメソッドを経過する。各イテレータメソッドは次の要素を受け入れる準備ができると、入力シーケンスとなる別のイテレータメソッドから要素を受け取る。一度の処理で受け取る要素は1個のみ

図4-1のコードは複数のイテレータメソッドを組み合わせた状態になっています。これらのメソッドはいずれも、シーケンス全体に対する走査のうちの1ステップで実行されます。一方、従来の実装方法ではそれぞれの処理を行うたびに毎回シーケンス全体が走査されます。

入力として1つのシーケンスを取り、出力として1つのシーケンスを返すイテレータメソッドを応用することもできるでしょう。たとえば2つのシーケンスを組み合わせて1つのシーケンスにできます。

```csharp
public static IEnumerable<string> Zip(IEnumerable<string> first,
    IEnumerable<string> second)
{
    using (var firstSequence = first.GetEnumerator())
    {
        using (var secondSequence =
            second.GetEnumerator())
        {
            while (firstSequence.MoveNext() &&
                secondSequence.MoveNext())
            {
                yield return string.Format("{0} {1}",
                    firstSequence.Current,
                    secondSequence.Current);
            }
        }
    }
}
```

Zipメソッドは図4-2のように、2つの文字列シーケンスを入力に取り、各シーケンスの要素の対を要素とするようなシーケンスを返します。またUniqueよりは若干複雑ですが、Zipもやはりジェネリックメソッドにできます（項目18）。

第4章　LINQを扱う処理

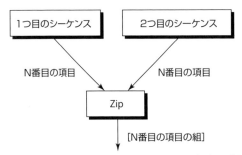

図4-2：Zipは2つのシーケンスから項目を取得する。新しい出力結果が要求されるたびに1つの要素がそれぞれのシーケンスから取り出される。これら2つの要素が1つの出力値として組み合わされて、その値が出力シーケンスとして返される

　イテレータメソッドSquare()では、入力されたシーケンスの要素を処理する際に、その要素を変更できるということを説明しました。Unique()メソッドでは、シーケンスに初めて表れる値のコピーだけを返すようにしていて、シーケンス自体を変更できるということを説明しました。しかし、イテレータメソッドは入力されたシーケンスそのものを変更することはできません。新しいシーケンスを出力できるだけです。ただし、入力シーケンスに含まれる要素が参照型の場合であれば入力シーケンスの値を変更できる場合があります。
　イテレータメソッドは子供用の立体迷路のおもちゃのように自在に組み合わせることができます。ビー玉を1つ落とすとトンネルや障害物を越えていき、その途中でさまざまなアクションが起こります。ビー玉は途中の障害物にはとどまりません。しかし、先に流れていったビー玉が後続するビー玉の障害物となることもあります。それぞれのイテレータメソッドは、入力シーケンスの1要素に対して1つの処理を実行し、新しいオブジェクトを1つ出力シーケンスに追加します。個々のイテレータメソッドとしては小さな役割しか持ちません。しかしイテレータメソッドは基本的には1つのシーケンスを受け取り、1つのシーケンスを返すメソッドになるため、簡単に組み合わせることができます。小さなイテレータメソッドを多数用意し、それらを多数組み合わせて変換するようなアルゴリズムを簡単に実装できます。

## 項目32　反復処理をAction、Predicate、Funcと分離する

　yield returnを使用することで、データの種類ごとにメソッドを用意するのではなく、シーケンスに対する処理を行えるようなメソッドが作成できることを1つ前の項目で説明しました。イテレータメソッドを活用するにつれて、このメソッドがシーケンスの反復の仕方を変えることと、シーケンスの各要素に処理を実行することという2つの要素から構成されていることがわかるでしょう。たとえば特定の条件に一致する要素だけを並べる場合や、N個目ごとの要素だけを並べる場合、あるいはグループ単位で要素をスキップする場合などがあります。
　特定の条件に一致することと、それに対して実行する処理はまったく独立しています。おそ

らくはデータに対して各種レポートを作成する、あるいは特定の値の総和を計算する、あるいはコレクション内の要素のプロパティを変更するといった処理を作成することになりますが、いずれの場合においても特定の条件で要素を走査するという部分と、要素に対する実際の処理はそれぞれ個別に処理できます。これらの処理をまとめてしまうと密結合になりすぎてしまい、その結果コードの重複などが発生するでしょう。

多くの開発者がさまざまな処理を1つのメソッドにまとめようとするのは、一般的な開始処理と終了処理の間にある処理をカスタマイズしたいからです。このようなアルゴリズムにおける中間処理をカスタマイズするには、メソッド呼び出しを渡すか、あるいはメソッドを含んだ関数オブジェクトを渡すことになります。C#の場合には内部処理をデリゲートとして実装できます。以下の例ではより簡単になるよう、ラムダ式を使用しています。

匿名デリゲートは関数（function）とアクション（action）という機能のいずれかを実装する場合に使用できます。また、関数には述語（predicate）という特別なケースもあります。述語はboolを返すメソッドで、シーケンス内の要素が特定の条件に一致するかどうかを判断するためのものです。アクションはコレクション内の要素に対する処理を表します。これらのメソッドのシグネチャはそれぞれ一般的であるため、.NET FrameworkにおいてもFunc<T, TResult>、Action<T>、Predicate<T>として定義されています。

```
namespace System
{
    public delegate bool Predicate<T>(T obj);
    public delegate void Action<T>(T obj);
    public delegate TResult Func<T, TResult>(T arg);
}
```

たとえばList<T>.RemoveAll()はPredicateを引数に取るメソッドです。以下のコードでは整数のリストの中から値が5の要素をすべて削除します。

```
myInts.RemoveAll(collectionMember => collectionMember == 5);
```

List<T>.RemoveAll()はリスト内のすべての要素に対して、引数として渡されたデリゲートを内部で繰り返し呼び出します。このデリゲートがtrueを返すと、その要素はリストから削除されます（実際にはもう少し複雑で、RemoveAll()は元のリストを変更しないようにするため、内部に新しいデータ領域を作成しますが、これは実装の詳細です）。

Actionメソッドはコレクション内の要素それぞれに対して呼び出されます。たとえばList<T>.ForEach()メソッドなどが該当します。以下のコードでは、コレクション内にあるそれぞれの整数値をコンソールに出力しています。

```
myInts.ForEach(collectionMember => WriteLine(collectionMember));
```

このコード自体は明らかに大したことがありませんが、各要素に対して何かしらの処理を実行するというコンセプトを応用できます。匿名デリゲートで何かしらの処理を行うようにしておき、ForEachがコレクションの各要素に対してこの匿名デリゲートを呼び出すというわけです。

これらの2つのメソッドからもわかるように、コレクションに対して複雑な処理を実行する場合、それぞれ異なるテクニックが使用できることがわかるでしょう。もう1つ、述語とアクションを使用してコードを小さくできるような例も紹介しましょう。

フィルタ用メソッドはPredicateを使用して条件を確認します。Predicateはオブジェクトが条件に一致するか、それともフィルタによってブロックされるかを定義します。項目31を応用すると、シーケンス内の要素のうちで特定の条件に一致するものをすべて返すようなジェネリックフィルタを作成できます。

```
public static IEnumerable<T> Where<T>
    (IEnumerable<T> sequence,
    Predicate<T> filterFunc)
{
    if (sequence == null)
        throw new ArgumentNullException(nameof(sequence),
            "シーケンスをnullにできません");
    if (filterFunc == null)
        throw new ArgumentNullException(
            "述語をnullにできません");
    foreach (T item in sequence)
        if (filterFunc(item))
            yield return item;
}
```

入力シーケンスの各要素がPredicateメソッドで評価されます。Predicateがtrueを返した場合、その要素は出力シーケンスの一部として返されます。開発者は型に応じて条件判定メソッドを実装できるため、そのメソッドを上のフィルタメソッドの入力とすることができます。

シーケンスのN番目ごとの要素を返すメソッドも実装できます。

```
public static IEnumerable<T> EveryNthItem<T>(
    IEnumerable<T> sequence, int period)
{
    var count = 0;
    foreach (T item in sequence)
        if (++count % period == 0)
            yield return item;
}
```

このフィルタは特定の要素だけを返すもので、任意のシーケンスに適用できます。

Funcデリゲートを走査処理と組み合わせることもできます。以下のコードでは、シーケンス内の要素それぞれに対して特定のメソッドを呼び出すことによって、新しいシーケンスが返さ

れるようにしています。

```
public static IEnumerable<T> Select<T>(
    IEnumerable<T> sequence, Func<T, T> method)
{
    // sequenceとmethodのnullチェックは省略
    foreach (T element in sequence)
        yield return method(element);
}
```

以下のようにしてSelectメソッドを呼び出すと、入力された整数シーケンスの各要素を2乗した値を要素とするようなシーケンスが得られます。

```
foreach (int i in Select(myInts, value => value * value))
    WriteLine(i);
```

Selectメソッドは入力されたシーケンスの要素の型と出力シーケンスの要素の型を揃えておく必要がありません。したがって、Selectメソッドを以下のように変更すると別の型を出力できるようになります。

```
public static IEnumerable<Tout> Select<Tin, Tout>(
    IEnumerable<Tin> sequence, Func<Tin, Tout> method)
{
    // sequenceとmethodのnullチェックは省略
    foreach (Tin element in sequence)
        yield return method(element);
}
```

このメソッドは以下のように使用できます。

```
foreach (string s in Select(myInts, value => value.ToString()))
    WriteLine(s);
```

項目31で説明したように、これらのメソッドは簡単に作成あるいは使用できます。重要なのは（1）シーケンスの走査と（2）シーケンス内の個別の要素に対する処理という2つの機能に分離できることです。匿名デリゲートやラムダ式を使用することによって、いろいろな方法でさまざまなテクニックを手軽に組み合わせられるようになり、アプリケーション内の大きな処理を実装することもできるようになります。シーケンスに対する変更をFunc（特殊ケースであるPredicateも含む）として実装し、コレクション内の要素の一部を走査している間にそれぞれの要素を処理するようなAction用デリゲート（または類似の機能）とすることができます。

## 項目33　要求に応じてシーケンスの要素を生成する

　イテレータメソッドは1つのシーケンスを入力としなければいけないわけではありません。yield returnを使用することによって、新しいシーケンスを返すようなメソッドを実装できます。何らかの処理を実行する前にあらかじめコレクション全体を作成しておくのではなく、要求された場合にのみ値を返すようなメソッドを実装できるのです。これはつまり、シーケンスを使用する側で特定の要素を使用しないのであれば、その要素を作成しないようにできるのです。

　整数値のシーケンスを生成するような単純なメソッドで説明しましょう。たとえば以下のような実装になるかもしれません。

```
static IList<int> CreateSequence(int numberOfElements,
    int startAt, int stepBy)
{
    var collection =
        new List<int>(numberOfElements);
    for (int i = 0; i < numberOfElements; i++)
        collection.Add(startAt + i * stepBy);
    return collection;
}
```

　このメソッドは確かに機能するでしょうが、yield returnを使用する場合と比較すると欠点が露呈します。まず、出力結果がList<int>に限定されています。メソッドを呼び出す側ではBindingList<int>として出力結果を得たい場合には、以下のようにして変換しなければいけません。

```
var data = new
    BindingList<int>(CreateSequence(100,0,5).ToList());
```

　しかしこのコードは潜在的なバグを起こす可能性があります。BindingList<T>のコンストラクタは引数に指定されたリストの要素をコピーせず、元のリストに含まれる要素を参照します。したがって、もしBindingList<T>の初期化に使用したリストが別の場所から使用できる場合、データの完全性が維持されない可能性があります。

　同じデータ領域が使用されている状況は、複数参照があるという言い方をすることもできます。

　さらに、リスト全体を作成するようにしてしまうと、特定の条件に応じてリストを生成するような機能をメソッドの呼び出し側で実装できなくなってしまいます。CreateSequenceメソッドは常に要求された個数の要素を生成します。すでに説明した通り、ページング処理やその他の機能を実装する際、生成を途中で止めたかったとしても止められません。

　また、このメソッドはシーケンスデータを処理する複数の変換処理の途中で呼ばれることも

あるでしょう。そうなるとこのメソッドがボトルネックになります。このメソッドを呼ぶと、次の処理に進む前にそれぞれの要素が作成されて、内部コレクションに追加されることになります。

これらすべての制限はメソッドをイテレータメソッドとすることで解消できます。

```
static IEnumerable<int> CreateSequence(int numberOfElements,
    int startAt, int stepBy)
{
    for (var i = 0; i < numberOfElements; i++)
        yield return startAt + i * stepBy;
}
```

数値のシーケンスを生成するという機能自体は変わりありません。

重要なポイントは、このコードが実行される方法が変わることにあります。シーケンスが走査されるたびに数値シーケンスが生成されるのです。コードとしては常に同じ個数の数値シーケンスを返すため、挙動には影響が出ません。このバージョンでは、メソッドを呼び出す側のデータ領域に対して、メソッド内のコードが影響を与えません。呼び出し側でList<int>の値が必要であれば、IEnumerable<int>を引数に取るコンストラクタを呼ぶだけです。

```
var listStorage = new List<int>(CreateSequence(100, 0, 5));
```

そのためには、数値シーケンスが1つだけ生成されるようにしなければいけません。同じようにしてBindingList<int>を作成することもできます。

```
var data = new
    BindingList<int>(CreateSequence(100,0,5).ToList());
```

このコードは若干効率が悪いように見えるかもしれません。BindingList<T>にはIEnumerable<T>を引数に取るコンストラクタがありません。BindingListは既存のリストを参照するため、これではかなり効率が悪いのですが、このクラスはリストのコピーを作成しないのです。ToList()を呼ぶことによって、CreateSequenceメソッドで生成されたシーケンスに含まれるものと同じ要素を持ったListオブジェクトを作成できます。このListオブジェクトがBindingList<int>からも参照されることになります。

以下のようにすると途中で走査を止めることもできます。次の要素を要求しないようにするだけです。以下のコードは両方のバージョンのCreateSequenceメソッドに通用しますが、最初のバージョンに対してはリストの走査を止めるように要求したとしても、たとえば1,000個すべての要素が作成されることになります。イテレータメソッドのバージョンであれば、条件に一致しない値が見つかった時点で生成処理が止まります。これにより、アプリケーションのパフォーマンスも向上できます。

```
// 匿名デリゲートを使用する
var sequence = CreateSequence(10000, 0, 7).
    TakeWhile(delegate (int num) { return num < 1000; });

// ラムダ式を使用する
var sequence = CreateSequence(10000, 0, 7).
    TakeWhile((num) => num < 1000);
```

当然ですが、任意の条件で走査を途中で止めることができます。処理の継続をユーザーに確認したり、別のスレッドからの入力を待機したり、アプリケーションで必要な別の処理を実行したりすることができます。イテレータメソッドとしては、シーケンスの途中で走査を中断しているだけなのです。遅延的に実行されるため、要求した要素だけが生成できるようになります。基本的に、イテレータメソッドを使用する側のコードでは、アルゴリズムで使用される要素が必要になった場合にのみ新しい要素を要求すればよいのです。

シーケンスの要素が要求された場合にのみ要素を生成するようにメソッドを実装するとよいでしょう。メソッドを使用する側のアルゴリズムとして、一部のデータしか使用しないのであれば、それ以上の余計な処理は避けるべきです。節約できる部分は少ないかもしれません。あるいは要素を作成するコストが高くなればなるほど節約できる部分も増えるでしょう。いずれにしても、必要な場合にのみシーケンスの要素を生成するようにした方がコードとしても簡潔になるでしょう。

## 項目34　関数引数を使用して役割を分離する

開発者はコンポーネント間の制約を表現するために最適な言語機能を必要とすることがあります。これはたいていの場合、親クラスを定義したり、新しいクラスに必要なメソッドをインターフェイスとして宣言し、これらのメソッドを実装するということになります。

これらはいずれも正しい解決策ではありますが、**関数引数**（function parameters）を使用すると他者が使用しやすいコンポーネントやライブラリをより簡単に作成できるようになります。関数引数を使用すると、必要とするクラスの型を作成する責任をコンポーネントの使用者に任せることができます。コンポーネント側では抽象的な定義を通して依存機能を使用することになります。

開発者としてはインターフェイスとクラスの分離に習熟しておくべきです。しかしインターフェイスを定義して実装する方法は、特定の用途に対してあまりに手間がかかりすぎる場合があります。その場合には伝統的なオブジェクト指向のテクニックを使用して回避することになりますが、そういったテクニックを使用すると、よりAPIを単純化することもできます。制約をデリゲートとして実装すると、使用する側の必要条件を最小にできます。

ここで課題となるのは、使用者に対して暗黙的に依存あるいは期待する機能と自分のコードとをうまく分離できるようにすることです。これは開発する側とそれを使用する側の両方が原

因となります。コードが他のコードに依存すればするほど、別の環境で実行したり、単体テストを実行したりすることが難しくなります。一方で、コードを使用する開発者の実装パターンに依存するほど、多くの制約を課すことができるようにもなります。

そこで、関数引数を使用することによって、コンポーネントを使用するコードと開発するコードとを分離できるようになります。しかしその場合でも、やはりそれなりのコストがかかります。連携して機能するコードが分離されるようなテクニックを採用するほど、開発する側の作業が増えるとともに使用する側にコードの意図が伝わりづらくなります。したがって、機能を使用する側が期待する機能と、機能の分離によって損なわれる情報とのバランスを取る必要があります。さらに、デリゲートやその他の連絡用機能を使用して依存性を低くするほど、元々コンパイラに任せることができていたチェック機能を自分で実装することになります。

最後に、機能を使用する側にあるクラスに親クラスを指定させることもあるでしょう。これは機能を使用する側のコードとコンポーネントを組み合わせて動作させる場合に一番簡単な方法です。制約としても、特定の親クラスから派生させて、いくつかの抽象クラスを実装する（あるいは仮想メソッドをオーバーライドする）だけで動作するようになります。さらに、複数の共通機能を抽象親クラスに実装することもできるため、コンポーネントを使用する側で再実装する必要もありません。

コンポーネントを作成する側から見ても、この方法の方が作業が少なく済みます。抽象メソッドとして定義された機能が派生クラスで実装されていない場合、コンパイルエラーとなるため、特定の機能がすでに実装されているという前提に立てます。実装の正しさを保証することはできませんが、少なくとも特定のメソッドが存在することだけは確実になります。

しかしコンポーネントを使用する側で特定の親クラスから派生したクラスを作成させる方法は、最も制約が大きいものです。インターフェイスを定義して、それを実装させることによって、親クラスとの間の関係と同じような関係を結ぶことができます。これらの間には重要な違いが2つあります。まず、インターフェイスを使用する場合にはクラス階層を強制させることができません。2点目として、インターフェイスを実装する側に対して簡単に標準の実装を提供できないという問題もあります。

どちらの方法も、特定の用途に対しては作業量が多すぎることがあります。本当にインターフェイスを定義する必要があるのでしょうか？ あるいは単にデリゲートのシグネチャを定義するなど、もっと簡単な方法で機能を分離できないのでしょうか？

デリゲートとしての機能分離については項目32で説明しています。`List.RemoveAll()`メソッドは`Predicate<T>`を引数に取ります。

```
void List<T>.RemoveAll(Predicate<T> match);
```

.NET Frameworkの設計者としては、このメソッドをインターフェイスで実装することもできたかもしれません。

```csharp
// 不必要な依存性
public interface IPredicate<T>
{
    bool Match(T soughtObject);
}
public class List<T>
{
    public void RemoveAll(IPredicate<T> match)
    {
        // 省略
    }
    // その他のAPIは省略
}
// このバージョンを使用するには若干手間がかかる
public class MyPredicate : IPredicate<int>
{
    public bool Match(int target) => target < 100;
}
```

項目31を再確認すると、List<T>に定義されている機能の方がかなり簡単に定義できることがわかるでしょう。また、このメソッドを使用する側としても、デリゲートやその他の連携機能で実装されていた方が簡単に使用できます。

インターフェイスの代わりにデリゲートを使用する理由としては、デリゲートが基本的には型に付随する機能ではないからです。デリゲートはメソッドとして計上されません。

.NET Frameworkの一部のインターフェイスはメソッドを1つしか持ちません。たとえばIComparable<T>やIEquatable<T>は完璧な定義になっています。これらのインターフェイスを実装するということは、それぞれ比較機能や同値性判断の機能を実装するということを表します。たとえば仮にIPredicate<T>というインターフェイスを実装したとしても、それが特定の型にとって何を表すのかまったくわかりません。単一のAPIにとってはメソッドが1つ定義されていれば十分なのです。

インターフェイスを定義したり、親クラスを用意したりすることを検討する場合には、ジェネリックメソッドと関数引数で代用できることがあります。項目31には2つのシーケンスをマージするZipメソッドがあります。

```csharp
public static IEnumerable<string> Zip(
    IEnumerable<string> first,
    IEnumerable<string> second)
{
    using (var firstSequence = first.GetEnumerator())
    {
        using (var secondSequence = second.GetEnumerator())
        {
            while (firstSequence.MoveNext() &&
                secondSequence.MoveNext())
            {
```

```
            yield return string.Format("{0} {1}",
                firstSequence.Current,
                secondSequence.Current);
            }
        }
    }
}
```

このメソッドを変更して、出力シーケンスを組み立てられるように、ジェネリックメソッドを用意して関数引数として受け取るようにできます。

```
public static IEnumerable<TResult> Zip<T1, T2, TResult>(
    IEnumerable<T1> first,
    IEnumerable<T2> second, Func<T1, T2, TResult> zipper)
{
    using (var firstSequence = first.GetEnumerator())
    {
        using (var secondSequence =
            second.GetEnumerator())
        {
            while (firstSequence.MoveNext() &&
                secondSequence.MoveNext())
            {
                yield return zipper(firstSequence.Current,
                    secondSequence.Current);
            }
        }
    }
}
```

呼び出し側では`zipper`の本体を定義します。

```
var result = Zip(first, second, (one, two) =>
    string.Format($"{one} {two}"));
```

このようにするとZipメソッドと呼び出し側との結合をさらに疎にできます。

項目33の`CreateSequence`に対しても同じような変更を適用できます。項目33では整数のシーケンスを作成していました。そこでこのメソッドをジェネリックメソッドとし、なおかつシーケンスの生成方法を関数引数として受け取ることができるようにします。

```
public static IEnumerable<T> CreateSequence<T>(
    int numberOfElements,
    Func<T> generator)
{
    for (var i = 0; i < numberOfElements; i++)
        yield return generator();
}
```

元と同じ挙動となるようにするには以下のようにします。

```
var startAt = 0;
var nextValue = 5;
var sequence = CreateSequence(1000, () => startAt += nextValue);
```

場合によってはシーケンス内のすべての要素から単一の値を返すようなアルゴリズムを実装する必要があるかもしれません。たとえば以下のメソッドでは整数のシーケンスの総和を計算します。

```
public static int Sum(IEnumerable<int> nums)
{
    var total = 0;
    foreach (int num in nums)
    {
        total += num;
    }
    return total;
}
```

このSumの基本的なアルゴリズムを残したまま、デリゲートの定義を追加することで、汎用の加算メソッドを作成できます。

```
public static T Sum<T>(IEnumerable<T> sequence, T total,
Func<T, T, T> accumulator)
{
    foreach (T item in sequence)
    {
        total = accumulator(total, item);
    }
    return total;
}
```

このメソッドは以下のようにして呼び出すことができます。

```
var total = 0;
total = Sum(sequence, total, (sum, num) => sum + num);
```

このSumメソッドはまだかなり制限されています。上のコードからわかるように、シーケンスの型が同じ、つまり入力と出力値が同じ型でなければいけません。しかし以下のように入出力で別の型を使用したいこともあるでしょう。

```
var peeps = new List<Employee>();
// このListにEmployeeを追加して、
// 社員全員の給与総額を計算します
```

```
var totalSalary = Sum(peeps, 0M, (person, sum) => sum + person.Salary);
```

そのためにはSumのメソッド定義を若干変更して、シーケンスの要素と加算結果の型を別の型にできるようにします。また、BCLとしてさらに汎用なメソッドになるように名前もFoldに変更します。

```
public static TResult Fold<T, TResult>(
    IEnumerable<T> sequence,
    TResult total,
    Func<T, TResult, TResult> accumulator)
{
    foreach (T item in sequence)
    {
        total = accumulator(item, total);
    }
    return total;
}
```

　関数を引数に取ることによって、処理対象のデータの型をアルゴリズムから切り離して処理できるようになります。しかし結合を疎にすればするほど、分離した機能と正しく連携できるようにするためのエラー処理にかかる手間が増えます。たとえばイベントを定義するコードを作成したとします。その場合、イベントを発生させる際には常にイベント型のメンバがnullでないことを確認しなければいけません。イベントを使用する側のコードではイベントハンドラをまったく登録していないことがあるからです。デリゲートを使用するインターフェイスを作成した場合にも同じです。デリゲートとしてnullが渡された場合の挙動としてはどのようにするのが正しいのでしょうか？例外をスローするか、あるいは正しく動作するデフォルトの挙動として処理を続けるべきでしょうか？引数として受け取ったデリゲート内で例外がスローされた場合には何が起こるでしょう。果たして例外から復旧できるのでしょうか？もしそうであれば、どのように復旧できるでしょう。

　最後に、期待する動作を継承として定義する方法からデリゲートとして定義する方法に切り替える場合、オブジェクトあるいはインターフェイスの参照を保持することによって切り替え前と同じ結合性を保持できるということを把握しておく必要があります。後から呼び出すことができるようなデリゲートのコピーをオブジェクト内に保持すると、デリゲートが参照するオブジェクトの生存期間を制御することになります。すなわちオブジェクトの生存期間を延ばすことになるのです。これは後で呼び出すオブジェクトへの参照を（インターフェイスあるいは親クラスとして）保持しておくことと何も違いがありません。とはいえ、コードを読むだけではそうだとはわかりづらいものです。

　基本的には、コンポーネントを使用するコードと連携を取る場合にはインターフェイスによる制約を作成するとよいでしょう。抽象親クラスの場合には、コンポーネントを使用する側で実装することになるコード以外の共通機能を親クラス内に実装できます。期待するメソッドを

デリゲートとして受け取る方法は最も柔軟性に優れますが、これは同時にツールによるサポートが得られないということも意味します。作業量の代わりに柔軟性が得られるというわけです。

## 項目35　拡張メソッドをオーバーロードしないこと

項目27と項目28ではインターフェイスや型に対して拡張メソッドを作成すべき理由として、インターフェイスのデフォルトの実装を用意できること、クローズジェネリック型に対する挙動を定義できること、組み合わせ可能なインターフェイスを作成できることという3つを説明しました。しかし拡張メソッドが必ずしも自身の設計にとって適切な手段とは限りません。既存の型定義を拡張できますが、基本的には型の挙動を変更したわけではないのです。

項目27ではインターフェイスの定義を最小限に保ちつつ、一般的な動作に対する標準実装を拡張メソッドとして作成できることを説明しました。型の機能を拡張する際に同じテクニックが使えるのではと思うかもしれません。また、使用する名前空間を変えることによってさまざまなバージョンの拡張メソッドを複数作成できると考えるかもしれません。その考えは間違いです。拡張メソッドはインターフェイスを実装する型に対して、標準実装を提供するという意味では非常に強力ですが、型の機能を拡張する方法としては適していません。拡張メソッドに過度に頼ってしまうと、すぐにメソッドが競合するなど、余計なメンテナンスコストを増やす結果になります。

拡張メソッドの誤用例を見てみましょう。別のライブラリで作成されたPersonクラスがあるとします。

```csharp
public sealed class Person
{
    public string FirstName
    {
        get;
        set;
    }
    public string LastName
    {
        get;
        set;
    }
}
```

このクラスに対して、名前情報をコンソールに出力するような機能を拡張メソッドとして実装しようとします。

```csharp
// 悪い例
// 拡張メソッドでクラスの機能を拡張する
```

```
namespace ConsoleExtensions
{
    public static class ConsoleReport
    {
        public static string Format(this Person target) =>
            $"{target.LastName,20}, {target.FirstName,15}";
    }
}
```

簡単にコンソールへ出力できるようになります。

```
static void Main(string[] args)
{
    List<Person> somePresidents =
        new List<Person>{
            new Person{
                FirstName = "George",
                LastName = "Washington" },
            new Person{
                FirstName = "Thomas",
                LastName = "Jefferson" },
            new Person{
                FirstName = "Abe",
                LastName = "Lincoln" }
        };
    foreach (Person p in somePresidents)
        Console.WriteLine(p.Format());
}
```

今のところは問題ないように見えます。しかし条件が変わって、XMLフォーマットで出力しなければいけなくなったとします。たとえば以下のようなメソッドを作成すればよいと考えるでしょう。

```
// やはり悪い例
// 異なる名前空間において拡張メソッドの名前が重複している
namespace XmlExtensions
{
    public static class XmlReport
    {
        public static string Format(this Person target) =>
            new XElement("Person",
                new XElement("LastName", target.LastName),
                new XElement("FirstName", target.FirstName)
            ).ToString();
    }
}
```

usingステートメントを変更することで別のフォーマットとして出力できます。これは拡張

149

メソッドの使用方法としては間違っています。型を拡張する方法としては不安定です。もし間違った名前空間を使用してしまうと、プログラムの挙動が変更されます。名前空間を指定しなかった場合にはコンパイルが通りません。両方の名前空間にある別のメソッドを使用したい場合、使用したいメソッドごとにファイルを分割して、別のクラスを定義しなければいけなくなります。両方の名前空間を同時に使用しようとすると、曖昧な参照だというコンパイルエラーになります。

したがって、別の手段を採用しなければいけません。拡張メソッドはコンパイル時における型を基準として呼び出されることになります。呼び出されるメソッドを名前空間の切り替えで決定する方法は、この基準をさらに曖昧にしてしまいます。

この機能は拡張対象の型に基づくものではありません。つまり、PersonオブジェクトをXMLあるいはコンソールとして出力する機能はPerson型の機能である必要がありませんが、Personオブジェクトを使用する側にとって必要な機能です。

拡張メソッドは型の機能を自然な形で拡張する場合にのみ使用すべきです。論理的に型の一機能とみなせるような機能に対してのみ使用すべきです。項目27と項目28ではインターフェイスとクローズ型に対する2つのテクニックを説明しました。これらの項目にあるコードを見てもらうと、型を使用する側から見た場合に、型の機能として備わっていることが自然なメソッドを拡張メソッドとして追加していることがわかるでしょう。

この項目にあるコードと比較してみてください。FormatメソッドはどれもPerson型の一部の機能ではなく、単にPerson型を使用しているだけです。Person型を使用する側から見れば、FormatメソッドはPerson型の機能ではないのです。

メソッド自体は問題ないのですが、Personオブジェクトを使用できるクラス内でstaticメソッドとして定義するべきです。実際、可能であれば同じクラス内の別メソッドとして定義すればよいでしょう。

```
public static class PersonReports
{
    public static string FormatAsText(Person target)=>
        $"{target.LastName,20}, {target.FirstName,15}";
    public static string FormatAsXML(Person target) =>
        new XElement("Person",
            new XElement("LastName", target.LastName),
            new XElement("FirstName", target.FirstName)
    ).ToString();
}
```

このクラスでは両方のメソッドをstaticメソッドとして定義してあり、名前も異なるため、それぞれの用途が明確です。Personクラスの使用者に対して、機能がはっきりと区別された状態でこれらのメソッドを提供できるのです。必要であれば、どちらのメソッドも使用できます。別の名前空間に同じシグネチャを持ったメソッドを作成してしまうことで曖昧な状態

になることもないのです。これは非常に重要なことで、多くの開発者はusingステートメントを変更するだけでプログラムの挙動が変化するとは思いも付かないからです。そうであれば実行時エラーではなく、コンパイル時エラーとなるはずだと考えることでしょう。

　もちろん、名前の競合を避けるために名前を変更した場合、元のメソッドを拡張メソッドとして再度作成してもよいでしょう。これは型の機能拡張ではなく、型を使用するだけのように見えるため、それほど意味がないようにも思えます。しかし名前が競合することもないため、同じ名前空間の同じクラス内に両方のメソッドを用意することができます。これにより、先の例にあったような潜在的な問題を回避できます。

　1つの型に対する一連の拡張メソッドはすべての名前空間において1セットだとみなすべきです。拡張メソッドは名前空間を越えてオーバーロードしてはいけません。同じシグネチャを持った複数の名前空間が必要になった場合でも、オーバーロードを作成してはいけません。その代わりに、メソッドのシグネチャを変更し、可能であれば単なるstaticメソッドとするとよいでしょう。そうすればusingステートメントを元にしたオーバーロードの選択も行われないため、コンパイル時に曖昧なエラーが出ることもなくなります。

## 項目36　クエリ式とメソッド呼び出しの対応を把握する

　LINQはクエリ言語と、クエリ言語を一連のメソッドへと変換する機能の2つから構成されています。C#コンパイラはクエリ言語で記述されたクエリ式をメソッド呼び出しへと変換します。

　すべてのクエリ式は1つ以上のメソッド呼び出しにマッピングされます。このマッピングにある2つの側面を理解する必要があります。まず、クラスを使用する側として、クエリ式が単にメソッド呼び出しでしかないことを認識しておく必要があります。where句は適切な引数が指定されたWhere()メソッドへと変換されます。クラスを設計する側としては元となるフレームワークから提供されたメソッドの実装を評価し、自身の型に対してそれらのメソッドよりも優れた実装を提供できるかどうか検討する必要があります。もしそれができないのであれば元となるフレームワークのものを使用すればよいでしょう。しかしできる場合には、クエリ式からメソッド呼び出しへの変換方法を完全に理解しておく必要があります。すべての変換規則を正しく処理できるようなメソッドを実装しなければいけません。一部のクエリ式に対しては比較的簡単に処理を正しく実装できます。しかし一部の複雑なクエリ式に対してはやや複雑な実装が必要になります。

　**クエリ式パターン**には全部で11個のメソッドが含まれます。以下の定義は"The C# Programming Language, Third Edition"（あるいは以降の版。Anders Hejlsberg, Mads Torgersen, Scott Wiltamuth, Peter Golde、Microsoft Press、2009年）の§7.15.3が初出です(Microsoft Corporationからの許諾を受けています)。

# 第4章　LINQを扱う処理

```
delegate R Func<T1, R>(T1 arg1);
delegate R Func<T1, T2, R>(T1 arg1, T2 arg2);
class C
{
    public C<T> Cast<T>();
}

class C<T> : C
{
    public C<T> Where(Func<T, bool> predicate);
    public C<U> Select<U>(Func<T, U> selector);
    public C<V> SelectMany<U, V>(Func<T, C<U>> selector,
        Func<T, U, V> resultSelector);
    public C<V> Join<U, K, V>(C<U> inner,
        Func<T, K> outerKeySelector,
        Func<U, K> innerKeySelector,
        Func<T, U, V> resultSelector);
    public C<V> GroupJoin<U, K, V>(C<U> inner,
        Func<T, K> outerKeySelector,
        Func<U, K> innerKeySelector,
        Func<T, C<U>, V> resultSelector);
    public O<T> OrderBy<K>(Func<T, K> keySelector);
    public O<T> OrderByDescending<K>(Func<T, K> keySelector);
    public C<G<K, T>> GroupBy<K>(Func<T, K> keySelector);
    public C<G<K, E>> GroupBy<K, E>(Func<T, K> keySelector,
        Func<T, E> elementSelector);
}
class O<T> : C<T>
{
    public O<T> ThenBy<K>(Func<T, K> keySelector);
    public O<T> ThenByDescending<K>(Func<T, K> keySelector);
}
class G<K, T> : C<T>
{
    public K Key { get; }
}
```

　.NET FrameworkのBCLにはこのパターンに対する汎用の参照実装が含まれています。1つは`System.Linq.Enumerable`で、`IEnumerable<T>`に対するクエリ式が実装されています。もう1つは`System.Linq.Queryable`で、クエリを別の形式に変換して実行するためのインターフェイス`IQueryable<T>`に対するクエリ式が実装されています（たとえばLINQ to SQLではクエリ式をSQLデータベースエンジンに対するSQLクエリへと変換する機能が実装されています）。クエリ式を使用する側としては、ほとんどのクエリに対してこれらのいずれかの参照実装を使用することになります。

　次に、クラスを作成する側では`IEnumerable<T>`または`IQueryable<T>`（あるいはそれぞれのクローズジェネリック型）を実装するデータソースを作成できます。また、これらのインターフェイスを実装するだけでBCLに定義された拡張メソッドが使用できるようになるため、クエリ式パターンを実装したことになります。

## 項目36　クエリ式とメソッド呼び出しの対応を把握する

　説明を続ける前に、C#言語ではクエリ式パターンに対して実行時の意味を持たせていないということを認識しておく必要があります。クエリメソッドのシグネチャに一致するメソッドを作成すれば、このメソッドの内部では何を行っても構いません。コンパイラはクエリ式パターンにおいて期待される動作がWhereメソッドで実装されているかどうか確認できません。文法的な制約が満たされているかどうかだけを確認できます。この挙動はインターフェイスメソッドを実装する場合とまったく変わりません。たとえばインターフェイスメソッドを使用する側が期待する動作を一切行わないようにメソッドを実装することもできるわけです。

　もちろん、そういった実装をしていいということではありません。クエリ式パターンのメソッドを実装する場合、文法的にも意味的にも参照実装に準じて実装すべきです。パフォーマンスの違いを除けば、BCLの参照実装が使用されるのか、それとも独自の実装コードが使用されるのかをメソッドを使用する側が判断することはできません。

　クエリ式からメソッド呼び出しへの変換では、複雑な処理が段階的に実行されます。コンパイラはすべての式がメソッドに変換されるまで繰り返し変換を行います。さらに、ここでは順序通りには説明していませんが、コンパイラはそれらの変換処理を特定の順序に従って実行します。コンパイラにとって簡単なものが優先されるようになっていて、その順序はC#言語仕様として規定されています。ここでは人が理解しやすい順で説明を進めます。比較的小さく単純な式に対する変換を例としましょう。

　以下のクエリにあるwhereとselect、範囲変数から説明していきます。

```
var numbers = { 0, 1, 2, 3, 4, 5, 6, 7, 8, 9 };
var smallNumbers = from n in numbers
                   where n < 5
                   select n;
```

　from n in numbersの式では、範囲変数nがnumbersのそれぞれの値に束縛されます。where句はWhereメソッドに変換されるフィルタです。where n < 5という式は以下のコードと同じです。

```
numbers.Where(n => n < 5);
```

　Whereは単なるフィルタでしかありません。入力シーケンスのうち、特定の条件を満たす一部の要素だけがWhereの出力になります。入力シーケンスと出力シーケンスはいずれも同じ型を含むものでなければならず、正しいWhereメソッドとしては入力シーケンスの要素を変更してはいけません（ユーザー定義の条件式で要素が変更される可能性がありますが、それはクエリ式パターンの範疇ではありません）。

　Whereメソッドはnumbersを使用できるクラスのインスタンスメソッドとして、あるいはnumbersの型と一致する型の拡張メソッドとして実装できます。今回の例ではnumbersは

## 第4章　LINQを扱う処理

intの配列なので、メソッド呼び出し中のnは整数になります。

　Whereメソッドは、クエリ式パターンからメソッド呼び出しへの変換規則において一番単純なものです。説明を先に進める前に、この変換においてどのような処理が行われるのか、そして変換が何を意味するのかということを説明しましょう。コンパイラはオーバーロードの解決や型のバインディングよりも先に、クエリ式からメソッド呼び出しへの変換を行います。この時点では型のチェックは行われず、候補となる別のメソッドの有無を確認したりすることもありません。単にクエリ式をメソッド呼び出しに変換するだけです。すべてのクエリ式がメソッド形式に変換されると、コンパイラは候補となり得る別のメソッドを探して、どれが最適なメソッドかを判断します。

　次にselect式を説明します。select句はSelectメソッドに変換されますが、一部の特別な状況下ではSelectメソッドを最適化できます。先のコードにあるクエリは**非生成型**（degenerate）select、すなわち範囲変数を選択するだけの式です。非生成型selectにおいて入力シーケンスと出力シーケンスが同じである場合、最適化によって除去できます。先のクエリにはwhere句があるため、入力シーケンスと出力シーケンスが同一ではなくなります。そのため、最終的なメソッド呼び出し形式は以下のようになります。

```
var smallNumbers = numbers.Where(n => n < 5);
```

　select句は別のクエリ式（今回の場合はwhere）から受け取った中間結果を処理するだけであり、冗長なために削除されます。

　select句が別の式からの中間結果を処理しない場合は省略されません。以下のクエリがあるとします。

```
var allNumbers = from n in numbers select n;
```

このクエリは以下のようなメソッド呼び出しに変換されます。

```
var allNumbers = numbers.Select(n => n);
```

　また、select句では入力された1つの要素を別の値あるいは別の型へと変換したり、射影したりすることがあります。以下のコードでは結果となる値を変更しています。

```
var numbers = { 0, 1, 2, 3, 4, 5, 6, 7, 8, 9 };
var smallNumbers = from n in numbers
                   where n < 5
                   select n * n;
```

　あるいは入力シーケンスを別の型に変換することもできます。

## 項目36　クエリ式とメソッド呼び出しの対応を把握する

```
var numbers = { 0, 1, 2, 3, 4, 5, 6, 7, 8, 9 };
var squares = from n in numbers
              select new { Number = n, Square = n * n };
```

select句はクエリ式パターンのうち、Selectメソッドとして変換されます。

```
var squares = numbers.Select(n => new { Number = n, Square = n * n });
```

Selectでは入力された型を別の型に変換できます。正しいSelectメソッドでは、それぞれの入力要素に対してちょうど1つの要素が出力されます。また正しく実装されたSelectメソッドでは、入力シーケンスの要素が変更されることがありません。

単純なクエリ式の説明は以上です。続いて、もう少し複雑な変換を見ていきましょう。

順序関係はOrderByやThenByメソッド、あるいはOrderByDescendingとThenByDescendingとして変換されます。以下のクエリを見てください。

```
var people = from e in employees
             where e.Age > 30
             orderby e.LastName, e.FirstName, e.Age
             select e;
```

このクエリは以下のように変換されます。

```
var people = employees.Where(e => e.Age > 30).
             OrderBy(e => e.LastName).
             ThenBy(e => e.FirstName).
             ThenBy(e => e.Age);
```

クエリ式パターンの定義において、ThenByはOrderByまたはThenByを処理するように定義されています。ソートキーが同じものである場合、これらのメソッドから返されるシーケンスにはThenByメソッドがソート済みの部分区間を処理できるようにするためにマーカーが含まれます。

orderbyが別の句として記述されている場合、別の方法で変換されます。以下のクエリではLastNameで全体をソートした後、FirstNameで再度ソートし、さらにAgeでソートしています。

```
// 不適切。シーケンス全体が3回ソートされる
var people = from e in employees
             where e.Age > 30
             orderby e.LastName
             orderby e.FirstName
             orderby e.Age
             select e;
```

155

一部の並べ替え条件を逆順にすることもできます。

```
var people = from e in employees
             where e.Age > 30
             orderby e.LastName descending, e.FirstName, e.Age
             select e;
```

OrderByメソッドはthenby句が効率的に処理できるようにするため、かつクエリ全体として整合性を保つことができるようにするために、入力とは異なる型を返します。ThenByは並べ替えられていないシーケンスを処理できず、すでにソート済みだとマークされたシーケンス（先のシグネチャではO<T>と記載）だけを処理できます。部分的な範囲はすでにソート済みとマークされます。独自の型に対するOrderByとThenByを実装する場合にはこの規則に従う必要があります。すなわち、後続するThenBy句が適切に処理を実行できるように、部分的な範囲それぞれに対してソート済みだというマークを追加することになります。ThenByメソッドはOrderByまたはThenByメソッドから返された値を受け取って、部分的な範囲を適切に処理できるようになっている必要があります。

OrderByとThenByの説明はOrderByDescendingとThenByDescendingにも通用します。実際、これらのいずれかをサポートする型を作成する必要がある場合には、これら4つのメソッドをすべて実装すべきです。

これまでにまだ説明していないクエリ式は、複数の手順が必要になるものです。具体的にはグループ化あるいは複数のfrom句として表された継続を含むクエリです。継続を含むクエリはネストされたクエリとして変換されます。そしてネストされたクエリがメソッドへと変換されます。以下の継続を含むクエリを見てみます。

```
var results = from e in employees
              group e by e.Department into d
              select new
              {
                  Department = d.Key,
                  Size = d.Count()
              };
```

まず最初に、継続がネストされたクエリに変換されます。

```
var results = from d in
              from e in employees group e by e.Department
              select new { Department = d.Key,
                  Size = d.Count()};
```

ネストされたクエリが作成されると、メソッドの変換が行われます。

```
var results = employees.GroupBy(e => e.Department).
              Select(d => new { Department = d.Key,
                  Size = d.Count() });
```

先ほどのクエリでは単一のシーケンスを返すようなGroupByを使用しました。GroupByは他にも、キーと値リストを含むような一連のシーケンスを返すようなクエリ式パターンでも使用されます。

```
var results = from e in employees
              group e by e.Department into d
              select new
              {
                  Department = d.Key,
                  Employees = d.AsEnumerable()
              };
```

このクエリは以下のようなメソッド呼び出しに変換されます。

```
var results2 = employees.GroupBy(e => e.Department).
               Select(d => new {
                   Department = d.Key,
                   Employees = d.AsEnumerable()
               });
```

GroupByメソッドはキーと値リストの組を要素とするシーケンスを返します。キーはグループのセレクタ、値はグループ内にある要素のシーケンスです。クエリのselect句は各グループ内の値に対して新しいオブジェクトを作成します。しかし出力は必ず特定のグループに所属する入力シーケンス内の要素から作成された値とキーからなるキー値ペアのシーケンスになります。

最後に紹介するメソッドはSelectManyとJoin、GroupJoinです。これらの3つのメソッドは複数の入力シーケンスを対象とするため、複雑な処理になります。これらの変換を実装するメソッドでは、複数のシーケンスを走査し、結果のシーケンスを単一の出力シーケンスとなるよう平滑化します。SelectManyは2つの入力シーケンスのデカルト積を返します。たとえば以下のクエリがあるとします。

```
int[] odds = { 1, 3, 5, 7 };
int[] evens = { 2, 4, 6, 8 };
var pairs = from oddNumber in odds
            from evenNumber in evens
            select new
            {
                oddNumber,
                evenNumber,
                Sum = oddNumber + evenNumber
```

        };

このクエリを実行すると16個の要素が返されます。

```
1,2, 3
1,4, 5
1,6, 7
1,8, 9
3,2, 5
3,4, 7
3,6, 9
3,8, 11
5,2, 7
5,4, 9
5,6, 11
5,8, 13
7,2, 9
7,4, 11
7,6, 13
7,8, 15
```

複数のselect句を含んだクエリはSelectManyメソッドとして変換されます。上のクエリの場合、以下のようなSelectManyの呼び出しになります。

```
int[] odds = { 1, 3, 5, 7 };
int[] evens = { 2, 4, 6, 8 };
var values = odds.SelectMany(oddNumber => evens,
    (oddNumber, evenNumber) =>
    new {
        oddNumber,
        evenNumber,
        Sum = oddNumber + evenNumber
    });
```

SelectManyの1つ目の引数には、1つ目のシーケンスにある各要素を2つ目のシーケンスと結び付ける関数を指定します。2番目の（出力セレクタ）引数には、両方のシーケンスに含まれる要素の対を射影する関数を指定します。

SelectMany()はまず1番目のシーケンスを走査します。1番目のシーケンスに含まれる各要素において、そのつど2番目のシーケンスを走査し、入力値のペアを結果の値として出力します。出力される値は、両方のシーケンスの値すべての組み合わせを含んだ、平滑化されたシーケンスになります。SelectManyの1つの実装例としては以下のようになります。

```
static IEnumerable<TOutput> SelectMany<T1, T2, TOutput>(
    this IEnumerable<T1> src,
    Func<T1, IEnumerable<T2>> inputSelector,
    Func<T1, T2, TOutput> resultSelector)
```

```
{
    foreach (T1 first in src)
    {
        foreach (T2 second in inputSelector(first))
            yield return resultSelector(first, second);
    }
}
```

最初の入力シーケンスが走査され、続いて現在の要素の値を使用しながら2番目のシーケンスが走査されます。2番目のシーケンスに対する入力セレクタが1番目のシーケンスの現在値に依存する可能性があるため、このように1番目の値が入力セレクタに渡されていることが重要です。そして要素の対が生成されて、それぞれの対に対して出力セレクタが呼ばれます。

クエリがさらに式を含み、SelectManyが最終結果を出力しない場合、SelectManyは各入力シーケンスの要素を含むタプルを作成します。このタプルのシーケンスが後続の式に対する入力シーケンスとなります。たとえば以下のようにクエリを変更したとします。

```
int[] odds = { 1, 3, 5, 7 };
int[] evens = { 2, 4, 6, 8 };
var values = from oddNumber in odds
             from evenNumber in evens
             where oddNumber > evenNumber
             select new
             {
                 oddNumber,
                 evenNumber,
                 Sum = oddNumber + evenNumber
             };
```

このクエリ式に対するSelectManyは以下のようになります。

```
odds.SelectMany(oddNumber => evens,
    (oddNumber, evenNumber) =>
    new { oddNumber, evenNumber });
```

式全体は以下のように変換されます。

```
var values = odds.SelectMany(oddNumber => evens,
    (oddNumber, evenNumber) =>
    new { oddNumber, evenNumber }).
    Where(pair => pair.oddNumber > pair.evenNumber).
    Select(pair => new {
        pair.oddNumber,
        pair.evenNumber,
        Sum = pair.oddNumber + pair.evenNumber
    });
```

## 第4章　LINQを扱う処理

　コンパイラが複数のfrom句をSelectManyに変換する際におけるSelectManyの扱われ方にはもう1つポイントがあります。SelectManyは巧妙に組み合わされます。2つ以上のfrom句に対しては1つ以上のSelectMany()の呼び出しに変換されます。1番目のSelectMany()から返された値は2番目のSelectMany()の入力となり、3要素の組が出力されます。この組には3つのシーケンスの要素がすべて組み合わされた値が含まれることになります。以下のクエリがあるとします。

```
var triples = from n in new int[] { 1, 2, 3 }
              from s in new string[] { "one", "two", "three" }
              from r in new string[] { "I", "II", "III" }
              select new { Arabic = n, Word = s, Roman = r };
```

　このクエリは以下のようなメソッド呼び出しに変換されます。

```
var numbers = new int[] { 1, 2, 3 };
var words = new string[] { "one", "two", "three" };
var romanNumerals = new string[] { "I", "II", "III" };
var triples = numbers.SelectMany(n => words,
    (n, s) => new { n, s }).
    SelectMany(pair => romanNumerals,
    (pair, n) =>
        new { Arabic = pair.n, Word = pair.s, Roman = n });
```

　見ての通り、複数のSelectManyを呼び出すようにすることで3つ以上の入力シーケンスであっても対応できます。以降の例では、SelectManyが匿名型を使用してクエリを処理するようすを紹介しています。SelectMany()から返されるシーケンスは何らかの匿名型のシーケンスになっています。

　では次にJoinとGroupJoinの2つに対する変換を説明します。いずれもjoin句に対応するメソッドです。join句とinto句が組み合わされている場合には常にGruopJoinへ変換されます。into句のないjoin句はJoinメソッドへ変換されます。

　以下のクエリではinto句を指定していません。

```
var numbers = new int[] { 0, 1, 2, 3, 4, 5, 6, 7, 8, 9 };
var labels = new string[] { "0", "1", "2", "3", "4", "5" };
var query = from num in numbers
            join label in labels on num.ToString() equals label
            select new { num, label };
```

　このクエリは以下のように変換されます。

```
var query = numbers.Join(labels, num => num.ToString(),
    label => label, (num, label) => new { num, label });
```

into句がある場合、分割された結果のリストが作成されます。

```
var groups = from p in projects
             join t in tasks on p equals t.Parent
             into projTasks
             select new { Project = p, projTasks };
```

このクエリはGroupJoinメソッドに変換されます。

```
var groups = projects.GroupJoin(tasks,
    p => p, t => t.Parent, (p, projTasks) =>
        new { Project = p, TaskList = projTasks });
```

すべての式をメソッド呼び出しへと変換する処理は非常に複雑です。

朗報としては、ほとんどの変換はコンパイラに任せることができ、正しく変換されるはずだということです。またIEnumerable<T>を実装する型であれば、その型を使用する場合も正しい挙動となります。

しかしクエリ式パターンを別の独自のメソッドとして実装したいと考えるかもしれません。たとえば独自のコレクション型が特定のキーでソート済みになっていれば、OrderByメソッドを省略できるかもしれません。あるいは型がリストのリストになっていればGroupByやGroupJoinをより効率的に実装できるかもしれません。

さらに発展して、独自のプロバイダを作成して、クエリ式パターン全体を実装しようとするかもしれません。その場合には各クエリメソッドの役割と、メソッドに実装すべき機能を理解する必要があります。独自の実装に着手する前に、例となる実装を参照し各クエリメソッドで期待される動作をすべて把握することになります。

独自の型を定義するということは、ある種のコレクションをモデル化することです。型の使用者は言語に組み込まれたクエリ構文を使用して、別のコレクションと組み合わせて使用することになるでしょう。コレクションをモデル化した型にIEnumerable<T>インターフェイスを実装することによって、型の使用者の期待に応えることができます。しかし独自の型の内部仕様を応用することによって、標準実装を改善できる可能性もあります。この方法を選択した場合、独自の型がすべての形式のクエリ式パターンにおける制約を満たすようにしなければいけません。

## 項目37　クエリを即時評価ではなく遅延評価すること

クエリを定義した時点ではまだデータは取得されておらず、シーケンスにも追加されていません。このクエリを走査した時点で実行されることになる一連の手順を定義したにすぎないのです。つまり、クエリを実行するたびに最初に決定した原則に従ってすべての処理を実行する

ことになるわけです。これは通常は正しい挙動です。走査のたびに新しい結果が得られるこの挙動は**遅延評価**（lazy evaluation）と呼ばれます。しかしそうならないような挙動が必要になることもよくあります。一連の変数がある場合、それらを一度に今すぐ受け取りたいということがあります。これは**即時評価**（eager evaluation）と呼ばれます。

1回以上走査することになるクエリを作成する場合、どちらの挙動が必要なのかを検討する必要があります。データのスナップショットが欲しいのでしょうか。それともシーケンスの値を作成するために実行することになるコードを記述したいのでしょうか。

この概念は開発者が慣れ親しんだ作業に大きな影響を与えます。たいていの場合、記述されているコードは即座に実行されるものだと考えることでしょう。しかしLINQクエリの場合、コードをデータとして扱うことになります。ラムダ式引数は後になってから呼び出されます。さらに、クエリプロバイダがデリゲートではなく式ツリーを使用する場合、同じ式ツリーに新しい式を後で組み合わせることができます。

まず遅延評価と即時評価の違いについて説明しましょう。以下のコードでは、シーケンスを生成して、そのシーケンスを途中停止しながら3回走査しています。

```
private static IEnumerable<TResult>
    Generate<TResult>(int number, Func<TResult> generator)
{
    for (var i = 0; i < number; i++)
        yield return generator();
}
private static void LazyEvaluation()
{
    WriteLine($"1番目のテスト開始時間: {DateTime.Now:T}");
    var sequence = Generate(10, () => DateTime.Now);

    WriteLine("待機中....¥tエンターキーを押してください");
    ReadLine();

    WriteLine("走査中...");
    foreach (var value in sequence)
        WriteLine($"{value:T}");

    WriteLine("待機中....¥tエンターキーを押してください");
    ReadLine();
    WriteLine("走査中...");
    foreach (var value in sequence)
        WriteLine($"{value:T}");
}
```

このコードの実行結果はたとえば以下のようになります。

```
1番目のテスト開始時間: 18:43:23
待機中....        エンターキーを押してください
```

## 項目37　クエリを即時評価ではなく遅延評価すること

```
走査中...
18:43:31
...
18:43:31
待機中....      エンターキーを押してください

走査中...
18:43:42
...
18:43:42
```

　この遅延評価の例では、表示されている時刻が異なることからもわかるように、走査のたびにシーケンスが生成されています。シーケンス用の変数は作成された要素を保持していません。そうではなく、シーケンスを作成するための式ツリーを保持しているのです。このコードを実際に実行してみて、式が評価される際に何が起きているのか確認してみるとよいでしょう。これはLINQクエリが評価されるようすを学習する方法としてはうってつけです。

　遅延評価の性質を利用することで、既存のクエリに別のクエリを組み合わせることができます。1番目のクエリから結果を受け取った後に別の処理を実行するのではなく、複数の処理を行うクエリとして組み合わせた後、そのクエリを1回だけ実行するようにできます。

　たとえば世界協定時刻（UTC）として時間を返すようにクエリを変更しているとします。

```
var sequence1 = Generate(10, () => DateTime.Now);
var sequence2 = from value in sequence1
                select value.ToUniversalTime();
```

　sequence1とsequence2はデータを共有しているのではなく、合成された機能を共有しています。sequence2はsequence1から得られたそれぞれの値を変更しているわけではありません。そうではなく、sequence1を生成するコードに続けてsequence2を生成するようなコードになります。2つのシーケンスをそれぞれ別のタイミングで走査すると、それぞれ無関係な結果が得られることがわかります。sequence2の結果はsequence1の値を変換したものにはならず、それぞれまったく新しい値が得られます。つまり日付のシーケンスが生成されてからそのシーケンス全体をUTCに変換しているわけではなく、それぞれのコードによってUTCの値セットが生成されているのです。

　クエリ式は理論的には無限シーケンスを処理できます。これはクエリ式が遅延実行されるからです。正しく実装されていれば、シーケンスの最初の要素を取得した後、答えが見つかるまでコードの実行が待機状態になります。一方、一部のクエリ式では答えを返す前にシーケンス全体を必要とする場合があります。このボトルネックが発生するタイミングを把握することによって、パフォーマンスの劣化を起こさないようなクエリを作成できるようになります。さらに、シーケンス全体が必要となる状況を回避して、ボトルネックの発生を事前に防ぐこともできるようになるでしょう。

## 第4章　LINQを扱う処理

以下の小さなプログラムを見てみましょう。

```
static void Main(string[] args)
{
    var answers = from number in AllNumbers()
        select number;
    var smallNumbers = answers.Take(10);
    foreach (var num in smallNumbers)
        Console.WriteLine(num);
}

static IEnumerable<int> AllNumbers()
{
    var number = 0;
    while (number < int.MaxValue)
    {
        yield return number++;
    }
}
```

このコードには、先ほど言及したシーケンス全体を必要としないメソッドがあります。このメソッドの出力結果は数値のシーケンス、たとえば「0,1,2,3,4,5,6,7,8,9」になります。したがって、AllNumbers()は無限のシーケンスを生成できるのです（最終的にはオーバーフローしますが、それまで待っていられないでしょう）。

このメソッドが正しく随時実行される理由は、シーケンス全体が必要にならないからです。Take()メソッドはシーケンスの先頭からN件だけを返し、それ以上のことは起こりません。

しかしこのクエリを以下のようにした場合、プログラムは無限に実行を続けます。

```
class Program
{
    static void Main(string[] args)
    {
        var answers = from number in AllNumbers()
                      where number < 10
                      select number;

        foreach (var num in answers)
            Console.WriteLine(num);
    }
}
```

このコードにあるクエリの場合、すべての数値に対してどのメソッドが一致するのか確認することになるため、無限に（あるいはint.MaxValueになるまで）実行し続けられることになります。ロジックとしては同じこのバージョンでは、シーケンス全体が必要になるのです。

適切な処理を実行するためにシーケンス全体を必要とするようなクエリ演算は多数あります。Whereは各要素を順に確認していくため、別の無限シーケンスを生成する場合がありま

す。`OrderBy`はソート処理のためにシーケンス全体が必要です。`Max`および`Min`は`Where`と同じ理由のためにシーケンス全体が必要です。これらの処理はシーケンスの要素それぞれを確認せずに実行することができません。シーケンスの要素を確認する必要がある場合にはこれらのメソッドを使用します。

　これらのシーケンス全体を必要とするメソッドを使用する場合の影響を考慮する必要があります。すでに説明したように、シーケンスが無限になり得る場合、シーケンス全体を必要とするメソッドを使用しないようにすべきです。また、たとえシーケンスが有限であっても、シーケンスをフィルタするメソッドはクエリの前方で呼ぶようにします。もしもクエリの1番目の処理としてコレクションからいくつかの要素を削除するようになっていると、残りのクエリにいい影響を与えることになるでしょう。

　たとえば以下の2つのクエリは同じ結果になります。しかし2番目のクエリの方が早く終わります。洗練されたプロバイダであればクエリの最適化を行って両方のクエリが同じ性能になるでしょう。しかし（`System.Linq.Enumerable`に定義されている）LINQ to Objectの実装の場合、すべての`products`が読み取られてからソートされます。その後にシーケンスがフィルタされます。

```
// フィルタの前に並べ替え
var sortedProductsSlow =
    from p in products
    orderby p.UnitsInStock descending
    where p.UnitsInStock > 100
    select p;

// 並べ替えの前にフィルタ
var sortedProductsFast =
    from p in products
    where p.UnitsInStock > 100
    orderby p.UnitsInStock descending
    select p;
```

　1番目のクエリでは全体をソートした後、在庫数（`UnitsInStock`）が100以下のものを排除しています。2番目のクエリではまずシーケンスをフィルタしているため、比較的要素が少ないシーケンスをソートしています。メソッドがシーケンス全体を必要とするかどうか把握することによって、アルゴリズムが完了しないか、あるいは即座に完了するのかという違いを把握できることがあります。そのため、どのメソッドがシーケンス全体を必要とするかを把握しておき、それらのメソッドをクエリ式の最後で実行するようにします。

　これまででクエリに対しては遅延評価を行うべき理由を多数説明しました。ほとんどの場合にはこの方法が最善です。しかし場合によってはある時点における値のスナップショットを作成しなければいけないことがあります。シーケンスを即座に生成して、結果をコンテナに格納するためのメソッドとしては`ToList()`と`ToArray()`の2つがあります。これらはいずれも

クエリを実行した後、List<T>あるいはArrayとして結果を返します。

この2つのメソッドは特定の用途に適しています。クエリを強制的に即時実行することで、これらのメソッドは即座にデータのスナップショットを作成できます。シーケンスを後から走査するのではなく、即座に処理できます。また、ToList()やToArray()でクエリの結果のスナップショットを作成しておくことによって、前回の実行時から変わっていない結果を繰り返し使用できます。結果をキャッシュしておいて、後から参照できるというわけです。

ほぼすべての場合において、即時評価よりも遅延評価を行った方が作業量が少なく、融通も利きます。即時評価が必要となるまれなケースの場合、ToList()やToArray()を使用してクエリを強制的に実行させ、結果のシーケンスを保持できます。しかし即時評価を使用すべき明確な理由がないのであれば遅延評価を採用すべきです。

## 項目38　メソッドよりもラムダ式を使用すること

この項目の推奨事項は非直感的かもしれません。ラムダ式としてコードを記述すると、ラムダ式の本体でコードが重複することがよくあります。以下のコードでは同じロジックを何回か繰り返しています。

```
var allEmployees = FindAllEmployees();

// 最古参の社員を探す
var earlyFolks = from e in allEmployees
                 where e.Classification == EmployeeType.Salary
                 where e.YearsOfService > 20
                 where e.MonthlySalary < 4000
                 select e;

// 最も新しい社員を探す
var newest = from e in allEmployees
             where e.Classification == EmployeeType.Salary
             where e.YearsOfService < 20
             where e.MonthlySalary < 4000
             select e;
```

複数のwhere句の場合、それらの条件をすべて持つような1つのwhere句へと置き換えることができるかもしれません。これら2つのクエリはそう大して違わないように見えます。クエリの合成（項目31参照）と、単純なwhere句であればインライン化できるということからすれば、性能としては同じものになります。

重複するラムダ式を再利用可能なメソッドに書き換えたいと思うかもしれません。最終的なコードはたとえば以下のようになります。

```
// メソッドとしてリファクタリング
private static bool LowPaidSalaried(Employee e) =>
    e.MonthlySalary < 4000 && e.Classification ==
    EmployeeType.Salary;

// 別の場所
var allEmployees = FindAllEmployees();
var earlyFolks = from e in allEmployees
                 where LowPaidSalaried(e) &&
                 e.YearsOfService > 20
                 select e;

// 最も新しい社員を探す
var newest = from e in allEmployees
             where LowPaidSalaried(e) && e.YearsOfService < 2
             select e;
```

　この例は非常に小さいので、ほとんど変わりがありません。しかし少し改善されたように思います。社員の役職が変わったり、下限値が変わったりしたとしても変更箇所は1か所で済みます。

　再利用性という点においては、残念なことにリファクタリングされたこのメソッドは最初のバージョンよりも劣っています。この原因はラムダ式が評価、解析され、最終的に実行されるまでの過程にあります。一般的な開発者であれば、重複したコードは純粋に悪手であって、何がなんでも根絶すべきものだと考えるでしょう。メソッド1つを呼び出す方が単純で、コードを後から変更する必要が出た場合には1か所変更するだけで済みます。ソフトウェア開発のあるべき姿だと言えましょう。

　しかしこれもまた間違いです。一部のコードでは、クエリ式の中にあるコードを実行するためにラムダ式からデリゲートへと変換されます。あるいはラムダ式から式ツリーを作成して式を解析し、別の環境で実行するようなものもあります。LINQ to Objectは前者、LINQ to SQLは後者に該当します。

　LINQ to Objectはローカルにあるデータストア、主にジェネリックコレクションに対してクエリを実行します。実装としては、ラムダ式内のロジックを含んだ匿名デリゲートを作成してからそのコードを実行します。LINQ to Objectの拡張メソッドでは `IEnumerable<T>` が入力になります。

　一方、LINQ to SQLはクエリ内の式ツリーを使用します。この式ツリーはクエリのロジックを表すものになっています。LINQ to SQLはツリーを解析して、式ツリーからデータベース上で実行されることになるT-SQLクエリを作成します。そして（T-SQLの）クエリ文字列がデータベースエンジンに送信されて実行されます。

　この処理では、LINQ to SQLエンジンによって式ツリーが解析され、すべての論理演算が同等のSQLコマンドに置き換えられなければいけません。すべてのメソッド呼び出しは `Expression.MethodCall` ノードに置き換えられます。LINQ to SQLエンジンはあらゆるメ

ソッド呼び出しをSQL式に変換できるわけではありません。変換できない場合には例外がスローされます。また、LINQ to SQLエンジンは複数のクエリを実行させるのではなく、複数のデータをアプリケーション側にダウンロードした後、そのデータを処理します。

データソースを特定しないライブラリを作成している場合、この状況を想定して対応しなければいけません。任意のデータソースに対して機能するようにコードを構成する必要があります。つまり、ライブラリが正しく機能するためには、ラムダ式をインラインコードとして別途保持しておくことになるということです。

もちろんこれはライブラリ全体でコードをコピーして回るべきという話ではありません。単にクエリ式やラムダ式がアプリケーションで呼び出される場合には、個別のコードブロックを作成すべきだというだけです。先の単純な例を応用すれば、再利用可能でより大きなコードブロックを作成できます。

```csharp
private static IQueryable<Employee> LowPaidSalariedFilter
    (this IQueryable<Employee> sequence) =>
        from s in sequence
        where s.Classification == EmployeeType.Salary &&
        s.MonthlySalary < 4000
        select s;

// 別の場所
var allEmployees = FindAllEmployees();

// 1番目の社員を探します
var salaried = allEmployees.LowPaidSalariedFilter();
var earlyFolks = salaried.Where(e => e.YearsOfService > 20);

// 直近の社員を探します
var newest = salaried.Where(e => e.YearsOfService < 2);
```

当然ながらすべてのクエリが簡単に変更できるわけではありません。同じラムダ式が一度しか呼び出されないようにするために、メソッド呼び出しの元を辿って再利用可能なリスト処理ロジックを見つけ出さなければいけない場合もあるでしょう。項目31で説明しましたが、イテレータメソッドはコレクション内の要素を走査するまでは実行されません。この事実を応用して、クエリの一部を構成し、一般的なラムダ式を含むような小さなメソッドを複数作成するとよいでしょう。それぞれのメソッドはシーケンスを入力とし、`yield return`によってシーケンスを返すようにします。

このパターンに従うと、遠隔地でも実行できるような式ツリーを`IQueryable`として組み立てることができます。今回の例であれば、一連の社員を検索する式ツリーはそれを実行する前の段階でクエリとして組み立てることができます。そうすれば`IQueryProvider`オブジェクト（たとえばLINQ to SQLのデータソース）はローカルで処理する必要のある一部のデータを取得するのではなく、すべての処理をクエリとして送信できるようになります。

そしてアプリケーション側ではこれらの小さな複数のメソッドを組み合わせて大きなクエリを作成できます。この項目でも言及したようなコードの重複は、このテクニックを使用することで回避できるようになります。また、完全なクエリを構成して実行するような式ツリーを作成するようなコードを記述できるようにもなります。

複雑なクエリにおいてラムダ式を再利用することにより、クローズジェネリック型に対するクエリを拡張メソッドとして実装できます。これはたとえば給料が低い社員を見つけ出すようなメソッドになります。このメソッドは社員のシーケンスを入力とし、フィルタされた社員のシーケンスを返します。製品用の正式なコードでは IEnumerable<Employee> を引数に取るような2つ目のオーバーロードを定義することになるでしょう。そうすることで LINQ to SQL 形式と LINQ to Object 形式の両方をサポートできるようになります。

ラムダ式を引数に取る小さなイテレータメソッドを組み合わせてコードブロックを作成することによって、意図通りのクエリを実行するようなコードを作成できます。また、IEnumerable<T> や IQueryable<T> に対応することにより、応用範囲が広がります。さらに、クエリ可能な式ツリーに対する評価が誤ったものにならないようにもできます。

## 項目39　FuncやAction内では例外をスローしないこと

シーケンスの値それぞれに対して実行されるコードにおいて、処理の途中で例外が発生した場合、正常な状態に戻すことができなくなる場合があります。処理が進んでいたとして、いくつの要素が処理済みになったかどうかはわかりません。ロールバックするために何が必要かもわかりません。プログラムの状態を元に戻すことがまったくできないのです。

給与額を5%増加させるような以下のコードがあるとします。

```
var allEmployees = FindAllEmployees();
allEmployees.ForEach(e => e.MonthlySalary *= 1.05M);
```

ある日、このコードが例外をスローしました。1番目と最後の社員に対しては例外がスローされなかった可能性があります。一部の社員は昇給し、その他の社員は保留されます。プログラムで元々の状態を復旧するにはかなり無理があります。整合性の取れた状態をデータとして返すことができるのでしょうか？ プログラムの状態が損なわれてしまうと、データを人手でチェックしない限り、正しい状態には戻すことができないでしょう。

この問題はシーケンスの要素が随時変更されるために起こるものです。強い例外保証がされていません。エラーが発生した場合、起きたことと起こらなかったことを把握することはできません。

この問題は、メソッドの処理が完了しなかった場合には、観測可能な状態が変更されないようにすることで対処できます。実装方法はさまざまあり、それぞれ一長一短です。

## 第4章　LINQを扱う処理

リスクについて説明をする前に、もう少し詳しい状況を見てみましょう。すべてのメソッドに今回と同じ問題があるわけではありません。シーケンスを処理するメソッドは多数ありますが、それらはシーケンスを変更しません。以下のメソッドは全社員の給与額を確認した後に結果を返しています。

```
var total = allEmployees.Aggregate(0M,
    (sum, emp) => sum + emp.MonthlySalary);
```

今回のメソッドのように、シーケンス内のデータを変更しないものであれば特に注意は不要です。たいていのアプリケーションの場合、シーケンスを変更するようなメソッドはほとんど見つからないはずです。先の給与額を5%引き上げるメソッドに話を戻しましょう。このメソッドが強い例外保証を行うようにするには果たしてどのようにしたらよいでしょうか。

最初に紹介する一番簡単な方法としては、Actionとして渡したメソッド（今回の場合はラムダ式として実装したコード）を変更して例外がスローされないようにすることです。ほとんどの場合、シーケンスの要素を更新する前に、それが問題なく実行できるか確認できるはずです。したがって、変更と機能を実装する部分と条件チェックを実装する部分を定義し、たとえエラーが発生した場合であってもメソッドが例外をスローしないよう制約を課すようにします。この戦略は例外が発生する場合にはその要素に対して何もしないという処理が正しいのであれば機能します。給与額を引き上げる例において、すでに退職済みであるけれども永続ストレージ上には記録が残っている社員情報を処理する場合にのみ例外がスローされるとします。実装としては、そういったデータを無視するという方法が正しいでしょう。変更したコードは以下のようになります。

```
allEmployees.FindAll(
    e => e.Classification == EmployeeType.Active).
    ForEach(e => e.MonthlySalary *= 1.05M);
```

この方法はアルゴリズムの整合性を崩すことなく問題を解決する一番簡単な方法です。Actionを扱うメソッドにおいて、引数として渡されるラムダ式やメソッドが例外をスローしないことが確実なのであれば、この方法が最も効果的です。

しかし引数として渡されるメソッドが確実に例外をスローしないとは言えない場合もあります。その場合にはアルゴリズムを変更して、例外を処理するようにコードを書き換える必要があります。つまり、コピーに対して処理を行い、処理が正しく完了した場合にのみ元の値を書き換えるという方法を取ることになります。例外の可能性が捨てきれない場合には以下のようなアルゴリズムに変更することになるでしょう。

```
var updates = (from e in allEmployees
               select new Employee
```

```
                {
                    EmployeeID = e.EmployeeID,
                    Classification = e.Classification,
                    YearsOfService = e.YearsOfService,
                    MonthlySalary = e.MonthlySalary *= 1.05M
                }).ToList();
allEmployees = updates;
```

　この変更にかかるコストを検討してみましょう。まず、先のバージョンよりも長いコードが必要です。作業量の増加、すなわちメンテナンスするコードが増えれば増えるほど、理解すべきことも増えます。このバージョンのコードでは、社員レコードのコピーを作成していて、処理の終了後に古いリストへの参照を新しいリストへの参照に置き換えています。社員リストが巨大だった場合、この処理はパフォーマンスに大きく影響を与えます。参照を切り替える前に、社員のリストのコピーを作成します。また、**Action**として渡されたメソッドでは**Employee**オブジェクトが不正な状態の場合には例外がスローされる可能性があります。その場合にはクエリの外側のコードで処理することになります。

　またこの修正方法はメソッドの使用方法によって効果の有無が決まるという別の問題もあります。この新しいバージョンでは、複数の関数を組み合わせて処理を実行するための機能が制限されます。コードからもわかるように、すべてのリストを一度キャッシュしています。つまり、この変更によりリストを一回走査する間に他の変換処理を組み合わせることができなくなったわけです。実際にはすべての変換を行うようなクエリを作成することでこの問題を回避することは可能です。リストをキャッシュした後、変換処理の最後のステップとしてシーケンス全体を入れ替えればよいのです。このテクニックを使用すれば、変換処理を組み合わせられるようにしつつ、強い例外保証を実現できます。

　要するに、シーケンスの要素をそのつど書き換えるようにするのではなく、新しいシーケンスを返すようなクエリ式を作成すればよいというわけです。組み合わされたクエリでは、シーケンスの処理中に例外が発生しない場合にのみリストを入れ替えるようにします。

　クエリを組み合わせる場合には例外を処理するコードの作成方法が変わります。**Action**や**Func**が例外をスローする可能性がある場合、データが不整合な状態にならないことを保証することはできません。処理済みになった要素数を把握することはできないのです。また、元の状態に復元するための手段も不明です。しかし（要素を随時変更するのではなく）まったく新しい要素を作成することによって、処理がより確実に実行されるか、またはまったく状態が変わらないようにすることができます。

　これは状態を変更するメソッドにおいて、例外がスローされる可能性がある場合にも通用するテクニックです。マルチスレッド環境にも応用できます。例外がスローされ得るラムダ式を使用する場合、問題の原因を突き止めることが難しくなるでしょう。そのため、すべての処理において例外がスローされていないことを確認した後、シーケンス全体を入れ替えるようにすべきです。

## 項目40　即時実行と遅延実行を区別すること

**宣言的コード**（declarative code）とは説明的なものであり、どのようなことが行われるのかを定義するものです。一方、**命令的コード**（imperative code）とは、あるものがどのように処理されるのかを1つ1つ記述するものです。どちらの方法でも正しく機能するプログラムを作成できます。しかし両者を混在させることによって、アプリケーションに想定外の動作を引き起こす場合があります。

命令的コードでは、必要とする引数を処理した後、特定のメソッドを呼び出します。コードの各行は計算結果を出力する一連の命令になっています。

```
var answer = DoStuff(Method1(),
    Method2(),
    Method3());
```

実行時には以下のように処理が行われます。

1. Method1が呼ばれて、DoStuff()の1番目の引数が生成されます。
2. Method2が呼ばれて、DoStuff()の2番目の引数が生成されます。
3. Method3が呼ばれて、DoStuff()の3番目の引数が生成されます。
4. 上記で計算した値を使用して、DoStuffが呼ばれます。

これは開発者として慣れ親しんだ挙動でしょう。すべての引数が計算され、別のメソッドへと渡されています。アルゴリズムは結果の生成に必要な手順を説明する一連の命令として記述されます。

ラムダ式やクエリ式で行われるような**遅延実行**の場合、この処理が完全に変更されるため、思いがけないことが起こるかもしれません。以下のコードは先のコードと同じ処理を行うように見えますが、重要な違いがあります。

```
var answer = DoStuff(() => Method1(),
    () => Method2(),
    () => Method3());
```

実行時には以下のように処理が行われます。

1. Method1、Method2、Method3を呼び出すことができるラムダ式を引数にしてDoStuff()が呼ばれます。
2. DoStuffの内部で、Method1の結果が必要な場合のみMethod1が呼ばれます。
3. DoStuffの内部で、Method2の結果が必要な場合のみMethod2が呼ばれます。

4. DoStuffの内部で、Method3の結果が必要な場合のみMethod3が呼ばれます。
5. Method1、Method2、Method3はそれらが（0回以上）呼ばれる場合、任意の順序で呼ばれます。

メソッドの返り値が必要でなければいずれのメソッドも呼ばれません。この違いは非常に大きく、先のコードと混同してしまうと大きな問題が起こる可能性があります。

メソッドの外であれば、各メソッドが副作用を伴わない限り、メソッドを返り値で置き換えたり、あるいは逆に返り値をメソッドに置き換えたりすることができます。今回の例の場合、DoStuff()メソッドはメソッド呼び出しと返り値のどちらにしても違いがありません。同じ値が返されるため、どちらの方法でも正しいわけです。同じ入力に対して常に同じ結果を返すメソッドであれば、メソッドの返り値をメソッド呼び出しに置き換えたり、あるいは逆にすることができます。

しかし、プログラム全体からすると、上記2つのコードには大きな違いがあります。命令的コードでは常に3つのメソッドが呼ばれます。メソッドによって引き起こされる副作用はそれぞれ1回だけです。一方、宣言的コードではそれぞれのメソッドが複数回呼ばれることがあります。これは、(1) メソッドを呼んでその結果をメソッドに渡す方法と (2) メソッドにデリゲートを渡してデリゲートにメソッドを呼ばせる方法の違いによるものです。メソッドの動作によってはアプリケーションを実行するたびに異なる結果が得られることになるかもしれません。

ラムダ式や型推論、列挙子を導入することによって、関数型プログラミングをサポートするクラスを簡単に実装できるようになります。具体的には、関数を引数に取る、あるいは関数を返すような高階関数を実装できます。ある意味ではこれは大きな変化ではありません。純粋な関数とその返り値には互換性があるからです。しかし、実際には関数が副作用を起こすことがあるため、一概には言えません。

データとメソッドの間に互換性がある場合、どちらを選択すべきでしょうか？ また、こちらの方が重要ですが、いつそれを判断すればいいのでしょう。一番重要な点は、メソッドが遅延評価される場合であっても、データはそれが使用される前に評価されなければいけないということです。データを早期に評価する必要がある場合、関数型のアプローチに従ってメソッドを置き換えるのではなく、メソッドを事前に評価して、その結果をデータとして使用することになります。

最も重要な判断基準は、関数の内部と返り値の両方において副作用が起こり得るかという点です。項目37では、現在時刻を基準とした結果を返すクエリを作成しました。この返り値は実行結果をキャッシュしているか、それともクエリを関数の引数として扱っているかによって異なる値になります。関数自身が副作用を生む場合、プログラムの挙動はその関数を実行するタイミングに依存することになります。

遅延評価と即時評価の差異を最小限に抑えるテクニックはいくつかあります。純粋不変型は

変更できないため、プログラムの状態が変わることもありません。したがって、この型は副作用を起こしません。先の例で`Method1`、`Method2`、`Method3`が不変型のメンバだとすると、即時評価と遅延評価の結果はまったく同じものになります。

　先の例では一切引数を取らないメソッドを使用していましたが、遅延評価メソッドが1つ以上引数を取る場合、即時評価と遅延評価の結果が同じになるためには引数が不変でなければいけません。

　すなわち、即時評価と遅延評価に対する判断基準として一番重要なことは、コードで実現したいことが何かということです。オブジェクトとメソッドが不変である場合に限り、関数の計算結果を値で置き換えたり、あるいは逆に値を関数呼び出しに置き換えたりしたとしても、プログラムの挙動に違いが出ません（ここで言う「不変なメソッド」とは、たとえばI/O操作を行ったり、グローバル変数を変更したり、他のプロセスと通信したりというような、プログラム全体の状態を変更させることができないメソッドのことを指します）。オブジェクトとメソッドが不変でない場合、即時評価と遅延評価を切り替えることによってプログラムの挙動が変更される恐れがあります。この項目の以降では、即時評価と遅延評価で見た目上の動作に違いがないという前提になっています。選択の判断の助けとなる別の理由を説明していきましょう。

　1つの判断基準としては、入出力空間の大きさと出力の計算にかかるコストとのバランスです。たとえば`Math.PI`を呼び出して円周率を計算している間もプログラムは動作し続けるはずです。外から見れば、その値と計算処理はどちらも同じものです。しかしプログラムにとってみれば、円周率の計算は時間がかかるため、動作が遅くなることでしょう。一方、素因数を計算するメソッド`CalculatePrimeFactors(int)`はすべての整数に対する素因数を含む参照テーブルで置き換えることができます。この場合、データテーブルをメモリに保存するコストは、必要に応じて素因数を計算する場合のコストよりも遙かに大きくなります。

　実際のプログラムとしては、これら両極端な例の間に収まるはずです。常に正しい解決方法があるわけでもなく、またその方法が明確になるとも限りません。

　計算コストとストレージコストの分析以外にも、特定のメソッドの結果の扱い方を考慮する必要もあります。ある状況では、特定のクエリを即時評価することが適切かもしれません。また別の状況では、暫定的な結果を時々使用するだけかもしれません。コードが副作用を起こさず、即時評価も遅延評価も同じ結果となることが確実であれば、それぞれのパフォーマンス測定結果によって判断できます。両方の方法を試して差分を計測し、結果のよい方を選択すればよいでしょう。

　最後に、即時評価と遅延評価の両方を組み合わせた方法が最適な場合もあります。あるメソッドに対しては、キャッシュを作成する方法が最も効果的だということがわかっていたとします。この場合、キャッシュの値を返すようなデリゲートを作成するとよいでしょう。

```
var cache = Method1();
var answer = DoStuff(() => cache,
    () => Method2(),
    () => Method3());
```

　最後のポイントとしては、メソッドがリモートにあるデータストア上で実行されるかどうかという点です。これはLINQ to SQLがクエリを処理する方法と密接に関係します。LINQ to SQLクエリはすべて遅延クエリとして開始されます。すなわちデータではなく、メソッドが引数として使用されます。一部のメソッドはデータベースエンジン内で実行される処理を起動するものですが、部分的に処理されたクエリがデータベースエンジンに送信される前の処理を表すローカルメソッドもあります。LINQ to SQLは式ツリーを解析します。データベースエンジンにクエリを送信する前に、LINQ to SQLはローカルメソッドが呼び出されているコードをメソッドの返り値で置き換えます。これは入力シーケンスにある処理中の要素がメソッド呼び出しとまったく関係がない場合にのみ可能です（項目37と項目38参照）。

　LINQ to SQLはローカルメソッドの呼び出しを返り値で置き換えた後、式をSQL文に変換します。このSQL文がデータベースエンジンに送信されて実行されることになります。すなわち、クエリを一連の式あるいはコードとして作成することにより、LINQ to SQLライブラリはこれらのメソッドを同等なSQLに変換できるというわけです。それによってパフォーマンスの改善やバンド幅の低減が期待できます。また、C#プログラマがT-SQLを学習せずに済むということでもあります。他のLINQプロバイダも同様の処理が実装されています。

　しかしこれは特定の状況においてデータをコードとして、あるいはコードをデータとして扱うことができる場合に限って実現可能なことです。LINQ to SQLにおいて、ローカルメソッドはメソッドの引数が入力シーケンスに依存しない定数である場合にはそのメソッドの返り値で置き換えることができます。また、LINQ to SQLライブラリには式ツリーをT-SQLへと変換するためのさまざまな機能が用意されています。

　C#上でアルゴリズムを実現する場合、データを引数として使用する場合と関数を引数として使用する場合に動作上の違いがあるかどうかを見極めることができます。どちらの方法が正しい結果となるかを判断した後は、どちらがより適切かを判断することになります。しかし、場合によっては入出力空間が非常に巨大で、すべての入力空間を使用する必要がないのであれば、アルゴリズム自体を引数として使用する方が適切な場合もあります。どちらが適しているのか判断が付かない場合、出力スペースを即時評価してそのデータ値を処理するような機能を作成できるようにするために、アルゴリズムを引数に取るよう実装するとよいでしょう。

## 項目41　コストのかかるリソースを維持し続けないこと

　クロージャは束縛変数を含むオブジェクトを作成します。束縛変数の寿命は思いがけず長くなることがあり、またそれが必ずしもよい結果を生むとも限りません。開発者にしてみると、

ローカル変数の生存期間は簡単に把握できます。宣言した時点でスコープ内に変数が生成され、関連するコードブロックが終了した時点でスコープを外れることになるのです。ローカル変数はスコープから外れるとガベージコレクションの対象となります。この前提を元にして、リソースやオブジェクトの生存期間を管理できます。

クロージャやキャプチャされた変数においては、この規則が適用されません。変数をクロージャ内にキャプチャすると、その変数から参照されるオブジェクトの生存期間が延長されます。キャプチャされた変数を参照する最後のデリゲートがガベージとなるまで、その変数は破棄されません。状況次第でさらに生存期間が延長されることもあります。クロージャとキャプチャされた変数がメソッド内に収まっていたとしても、メソッドの外側にあるクロージャやデリゲートからそれらにアクセスすることができる場合があります。さらに、そのデリゲートが別のコードからアクセスできるようになっていることでしょう。結局のところ、クロージャとデリゲートが到達不可能になったとしても、それらを使用するメソッドがまったくなくなったかどうかを把握することはできないのです。すなわち、キャプチャされた変数を使用するデリゲートが外部に返されたとすると、ローカル変数がいつスコープを外れるのか把握することができなくなるということです。

ありがたいことに、たいていの場合にはこの挙動を意識する必要がありません。型によって管理され、高価なリソースを保持しないローカル変数であれば、ある程度のタイミングで普通の変数と同様にガベージコレクトされます。ローカル変数の使用するリソースがメモリだけであれば、まったく気にする必要がないのです。

しかし変数が高価なリソースを保持する場合もあるでしょう。その場合には型に`IDisposable`インターフェイスを実装して、明示的に後処理ができるようにする必要があります。コレクションを走査する前に、そういったリソースの後処理を開始したい場合もあるでしょう。ファイルやネットワーク接続が即座に閉じられていなかったとすると、ファイルが使用中となりアクセスできないといった問題も起こるでしょう。

項目44ではC#コンパイラがクロージャの内部で変数をキャプチャしてデリゲートを作成する方法について説明しています。本項目では、別のリソースを保持する変数をキャプチャした場合に、それを認識する方法について説明します。そういったリソースの管理方法や、キャプチャされた変数が想定よりも長期間生存することによって起こる問題の回避方法について説明します。

以下のコードがあるとします。

```
var counter = 0;
var numbers = Extensions.Generate(30, () => counter++);
```

このコードからは以下のようなコードが生成されます。

## 項目41　コストのかかるリソースを維持し続けないこと

```
private class Closure
{
    public int generatedCounter;
    public int generatorFunc() => generatedCounter++;
}

// 呼び出し
var c = new Closure();
c.generatedCounter = 0;
var sequence = Extensions.Generate(30, new Func<int>(
    c.generatorFunc));
```

これはなかなか興味深いものです。自動生成されたクラスではExtensions.Generateで呼び出されるデリゲートにおいてメンバメソッドが束縛されています。それによってこのオブジェクトの生存期間に影響を与え、結果としてガベージコレクトされるタイミングにも影響が出るというわけです。以下のコードを作成したとします。

```
public IEnumerable<int> MakeSequence()
{
    var counter = 0;
    var numbers = Extensions.Generate(30, () => counter++);
    return numbers;
}
```

このコードでは、クロージャによって束縛された変数を含むデリゲートを使用するオブジェクトが返されています。返り値はそのデリゲートを必要とするため、デリゲートの生存期間がメソッドの管轄外に依存することになります。束縛変数を表すオブジェクトの生存期間も同じく延長されます。メソッドから返されたオブジェクトが有効である間はデリゲートも有効で、デリゲートのインスタンスが有効である間は束縛変数を表すオブジェクトも有効なのです。メソッドから返されたオブジェクトが有効だということは、すべてのメンバが有効だということでもあります。

C#コンパイラは以下のようなコードを生成します。

```
public static IEnumerable<int> MakeSequence()
{
    var c = new Closure();
    c.generatedCounter = 0;
    var sequence = Extensions.Generate(30, new Func<int>(c.generatorFunc));
    return sequence;
}
```

このシーケンスはcに束縛されたメソッドを参照するデリゲートを含んでいます。したがって、ローカル変数の生存期間はメソッドの終点よりも長くなります。

この動作が問題となることはそれほど多くありません。しかし紛らわしい問題が2つありま

## 第4章 LINQを扱う処理

す。まず IDisposable に関連する問題です。以下のコードを参照してください。このコードはCSV入力ストリームから数値を読み取り、一連の数値をシーケンスの要素として返します。内部シーケンスにはそれぞれ該当する行にある数値が含まれます。また、項目27で作成した拡張メソッドを一部使用しています。

```csharp
public static IEnumerable<string> ReadLines(this TextReader reader)
{
    var txt = reader.ReadLine();
    while (txt != null)
    {
        yield return txt;
        txt = reader.ReadLine();
    }
}

public static int DefaultParse(this string input,
    int defaultValue)
{
    int answer;
    return (int.TryParse(input, out answer))
        ? answer : defaultValue;
}

public static IEnumerable<IEnumerable<int>>
    ReadNumbersFromStream(TextReader t)
{
    var allLines = from line in t.ReadLines()
                   select line.Split(',');
    var matrixOfValues = from line in allLines
                   select from item in line
                   select item.DefaultParse(0);
    return matrixOfValues;
}
```

このコードは以下のように使用できます。

```csharp
var t = new StreamReader(File.OpenRead("TestFile.txt"));
var rowsOfNumbers = ReadNumbersFromStream(t);
```

クエリは値が要求された場合にのみ次の値を生成することに注意してください。ReadNumbersFromStream() メソッドは、すべてのデータをメモリ上に確保するわけではなく、必要に応じてストリームから値を読み取るだけなのです。上にある、メソッドを呼び出す2行のコードでは実際にはファイルを読み取りません。後で rowsOfNumbers を走査しようとする時点でファイルがオープンされて値が読み取られるのです。

やがてコードレビューの段階になり、たとえば几帳面なアレクサンダー氏がこのコードでテスト用のファイルが閉じられていないと指摘するかもしれません。リソースリークの可能性が

指摘されたり、ファイルを再度読み取ろうとした際にすでにファイルがオープンされているというエラーが報告されたりすることでしょう。そしてコードを修正することになります。ところが問題の原因は別の場所にあるのです。

```
IEnumerable<IEnumerable<int>> rowOfNumbers;
using (TextReader t = new
    StreamReader(File.OpenRead("TestFile.txt")))
    rowOfNumbers = ReadNumbersFromStream(t);
```

テストが問題なく通ることを期待しながらこのコードを実行してみると、数行後のコードで例外がスローされていることが発覚します。

```
IEnumerable<IEnumerable<int>> rowOfNumbers;
using (TextReader t = new StreamReader(File.OpenRead("TestFile.txt")))
    rowOfNumbers = ReadNumbersFromStream(t);

foreach (var line in rowOfNumbers)
{
    foreach (int num in line)
        Write("{0}, ", num);
    WriteLine();
}
```

何が起きたのでしょう。ファイルを閉じた後にそのファイルから読み取ろうとしたのです。走査の時点で`ObjectDisposedException`がスローされます。C#コンパイラはファイルの読み取りと項目の解析を行うデリゲートに`TextReader`を束縛します。一連のコードは変数`rowOfNumbers`として表されます。この時点では何も起こりません。ストリームの読み取りも、値の解析もまだ行われないのです。これはリソース管理をこのメソッドの呼び出し側に委ねることによって起きた問題のうちの1つです。呼び出し側がリソースの生存期間を誤解してしまうと、リソースリークによって問題が起こり、コードが正しく機能しなくなるのです。

今回に限定した修正方法であれば簡単です。ファイルが閉じられる前に実行されるよう、すべてのコードを移動させるだけです。

```
using (TextReader t = new
    StreamReader(File.OpenRead("TestFile.txt")))
{
    var arrayOfNums = ReadNumbersFromStream(t);
    foreach (var line in arrayOfNums)
    {
        foreach (var num in line)
            Write("{0}, ", num);
        WriteLine();
    }
}
```

これでうまくいきましたが、すべての問題が今回のように単純なわけではありません。この方法ではこれまでなるべく避けてきたような、重複コードが多数作成されることになります。したがって、今回の解決方法をヒントとしながら、一般的に通用する解決方法を模索することにしましょう。

ここでは、ファイルを閉じるコードを記述する位置を、ほぼ決められないようなコードを作成してしまったわけです。ある位置でファイルを必ずオープンさせつつも、それを閉じることができないようなAPIになっています。元々の想定としては以下のようなコードが記述できたはずです。

```
using (TextReader t = new
    StreamReader(File.OpenRead("TestFile.txt")))
    return ReadNumbersFromFile(t);
```

しかしファイルを閉じる方法がないことが問題です。ある段階でファイルをオープンさせておきながら、ファイルを閉じるためにはコールスタックをある程度遡らなければいけません。どこまで遡ればいいでしょう。はっきりとは確定しませんが、少なくとも自分のコードの範囲内ではありません。コールスタックを遡って、制御可能な範囲の外側になります。したがって、ファイル名もわからなければ、ファイルを閉じるために取得すべきストリームのハンドルもわかりません。

1つの解決策としては、ファイルを開き、シーケンスを読み取り、シーケンスを返すような1つのメソッドとして作成してしまうことです。たとえば以下のようにします。

```
public static IEnumerable<string> ParseFile(string path)
{
    using (var r = new StreamReader(File.OpenRead(path)))
    {
        var line = r.ReadLine();
        while (line != null)
        {
            yield return line;
            line = r.ReadLine();
        }
    }
}
```

このメソッドは項目31で説明した遅延実行モデルと同じテクニックを使用しています。重要なポイントは、読み取り処理がどのタイミングで実行されたかに関わらず、すべての要素が読み取られた後においてのみ、`StreamReader`オブジェクトが破棄されるようになっていることです。ファイルを表すオブジェクトは最終的に閉じられますが、それはシーケンスがすべて走査された後です。具体的な挙動を示すために、以下のような恣意的なコードを作成してみます。

項目41　コストのかかるリソースを維持し続けないこと

```
class Generator : IDisposable
{
    private int count;
    public int GetNextNumber() => count++;

    public void Dispose()
    {
        WriteLine("破棄中です");
    }
}
```

GeneratorクラスはIDisposableを実装していますが、IDisposableを実装する型の変数をキャプチャした場合に何が起こるのかを説明するためだけのものです。以下のようにして使用します。

```
var query = (from n in SomeFunction()
    select n).Take(5);

foreach (var s in query)
    Console.WriteLine(s);

WriteLine("繰り返します");
foreach (var s in query)
    WriteLine(s);
```

実行結果は以下のようになります。

```
0
1
2
3
4
破棄中です
繰り返します
0
1
2
3
4
破棄中です
```

Generatorオブジェクトは期待通りのタイミング、つまり初回の走査が完了した後で破棄されます。シーケンスの走査が完了するか、今回のクエリのように途中で走査が停止された後に破棄されます。

しかし問題があります。「破棄中です」というメッセージが2回表示されています。このコードではシーケンスを2回走査しているため、Generatorオブジェクトの破棄が2回実行されて

いるのです。Generatorクラスにとっては単にメッセージを表示しているだけなので、これは問題にはなりません。しかし、ファイルの例であれば走査を2回以上実行すると例外がスローされることになります。1回目の走査が完了した時点でStreamReaderが破棄され、2回目の走査でも同じようにStreamReaderを破棄しようとします。これは機能しません。

アプリケーションにおいて、破棄可能なリソースを複数回走査する可能性がある場合、別の解決方法が必要です。アルゴリズムの授業においては、複数の値を読み取り、それを複数の方法で処理するような課題が出されるでしょう。その場合には複数のアルゴリズムをデリゲートとして渡し、ファイルから値を読み取って処理するコードに組み込む方法が適しているでしょう。

具体的には、使用する値をキャプチャし、ファイルを最終的に破棄するよりも前のタイミングでそれらの値を式中で使用できるようなジェネリックメソッドが必要になります。たとえば以下のように実装できます。

```csharp
// 使用例：ファイル名と、ファイルの各行に対して実行する処理を
// 引数として指定する
ProcessFile("TestFile.txt",
    (arrayOfNums) =>
    {
        foreach (var line in arrayOfNums)
        {
            foreach (int num in line)
                Write($"{num}, ");
            WriteLine();
        }
        // コンパイラに迷惑をかけないように何かしら値を返す
        return 0;
    }
);

// デリゲート型の宣言
public delegate TResult ProcessElementsFromFile<TResult>(
    IEnumerable<IEnumerable<int>> values);

// ファイルを読み取り、デリゲートを使用して各行を処理するメソッド
public static TResult ProcessFile<TResult>(string filePath,
    ProcessElementsFromFile<TResult> action)
{
    using (TextReader t = new StreamReader(File.Open(filePath)))
    {
        var allLines = from line in t.ReadLines()
                       select line.Split(',');

        var matrixOfValues = from line in allLines
                             select from item in line
                                    select item.
                                    DefaultParse(0);
        return action(matrixOfValues);
    }
}
```

```
}
```

このコードは若干複雑ですが、データソースをさまざまな方法で処理できることがわかるはずです。たとえばファイル全体における最大値を見つける場合には以下のようにします。

```
var maximum = ProcessFile("TestFile.txt",
    (arrayOfNums) =>
        (from line in arrayOfNums
        select line.Max()).Max());
```

このようにするとファイルストリームはProcessFileの内部に完全に隠蔽されます。欲しいものは値であって、その値はラムダ式を実行することで得られます。高価なリソース（たとえばファイルストリーム）を確保して、関数内でリソースを解放するように変更しても、それら高価なリソースを保持するメンバがクロージャ内に追加されることもありません。

クロージャ内に高価なリソースをキャプチャすることで発生する別の問題としては、緊急度は高くないものの、アプリケーションのパフォーマンスに影響が出るという問題です。

以下のメソッドがあるとします。

```
IEnumerable<int> ExpensiveSequence()
{
    int counter = 0;
    var numbers = Extensions.Generate(30,
        () => counter++);
    Console.WriteLine($"counter: {counter}");

    var hog = new ResourceHog();
    numbers = numbers.Union(
        hog.SequenceGeneratedFromResourceHog(
            (val) => val < counter));
    return numbers;
}
```

本書にある他のクロージャと同様、このアルゴリズムでは遅延実行モデルを使用して、後から実行されるコードを生成しています。つまり、このメソッドを使用するコードが動作する限り、ResourceHogは生存し続けます。さらに、ResourceHogが破棄可能なオブジェクトでない場合、このオブジェクトにいたる、すべてのオブジェクトが到達不可能となり、ガベージコレクタによって解放されるまで生存し続けることになります。

この挙動がボトルネックとなるのであれば、ResourceHogから生成される数値が即時評価されるように変更し、ResourceHogを即座に処分できるようにクエリを再構成することになります。

```csharp
IEnumerable<int> ExpensiveSequence()
{
    var counter = 0;
    var numbers = Extensions.Generate(30,
        () => counter++);

    WriteLine($"counter: {counter}");

    var hog = new ResourceHog();
    var mergeSequence = hog.SequenceGeneratedFromResourceHog(
        (val) => val < counter).ToList();

    numbers = numbers.Union(mergeSequence);
    return numbers;
}
```

このコードはそれほど複雑ではないので、簡単に理解できるはずです。複雑なアルゴリズムを実装している場合、高価なリソースとそうでないリソースとを分離する方法はさらに複雑化することでしょう。クロージャを作成するメソッドに実装されたアルゴリズムの複雑さに応じて、クロージャの束縛変数にキャプチャされたリソースを切り分ける作業の難易度が上下します。以下のメソッドではクロージャ内に3つのローカル変数をキャプチャしています。

```csharp
private static IEnumerable<int> LeakingClosure(int mod)
{
    var filter = new ResourceHogFilter();
    var source = new CheapNumberGenerator();
    var results = new CheapNumberGenerator();

    var importantStatistic = (from num in
                              source.GetNumbers(50)
                              where filter.PassesFilter(num)
                              select num).Average();

    return from num in results.GetNumbers(100)
           where num > importantStatistic
           select num;
}
```

初回実行時には特に問題が起こりません。ResourceHogは重要な統計情報を生成します。このスコープはメソッド内に限定されるため、メソッドが終了した時点で即座にガベージとなります。

しかしこのメソッドは見た目通りには動作しません。

理由を説明します。C#コンパイラはスコープごとに1つのネストクラスを作成してクロージャを実装します。最後にあるimportantStatistic以上の数値だけを返すようにしているクエリ文では束縛変数（importantStatistic）を含むクロージャが必要です。

メソッドの前半では重要な統計値（importantStatistic）を作成するために、クロージャ内で

フィルタ (filter) を使用する必要があります。これはつまり、クロージャを実装しているネストクラスにフィルタがコピーされるということです。return文ではwhere句を実装するネストクラス型のインスタンスが返されます。したがって、クロージャを実装するネストクラスがメソッドの外部に公開されているわけです。通常はそれを気にする必要がありません。しかしResourceHogFilterが高価なリソースを使用している場合には、アプリケーションのパフォーマンスに重大な影響を与えることになります。

この問題を修正するには、メソッドを2つに分けて、コンパイラが2つのクロージャを生成するようにします。

```
private static IEnumerable<int> NotLeakingClosure(int mod)
{
    var importantStatistic = GenerateImportantStatistic();

    var results = new CheapNumberGenerator();
    return from num in results.GetNumbers(100)
           where num > importantStatistic
           select num;
}

private static double GenerateImportantStatistic()
{
    var filter = new ResourceHogFilter();
    var source = new CheapNumberGenerator();

    return (from num in source.GetNumbers(50)
            where filter.PassesFilter(num)
            select num).Average();
}
```

「ちょっと待ってください。GenerateImportantStatisticのreturn文には統計値を生成するクエリがありますよね。クロージャはまだ外部に公開されていますよ」。

このような反論をしたくなるかもしれませんが、そうではありません。Averageメソッドはシーケンス全体を必要とします (項目40参照)。走査処理はGenerateImportantStatisticの内部で実行され、平均値が返されます。ResourceHogFilterオブジェクトを含むクロージャはメソッドから返ると即座にガベージとして回収できます。

この解決方法を提示した理由としては、複数の論理的クロージャを含むメソッドを作成するとさらに別の問題も発生するようになるためです。コンパイラは複数のクロージャを生成すべきだと考えるでしょうが、実際にはメソッド内で束縛されたすべてのラムダ式を処理するような1つのクロージャだけを作成します。複数の式のうち、1つだけがメソッドから返されるため、その他の式が問題となることはないのではと考えるかもしれません。しかし、そうではありません。コンパイラは単一のスコープ内にあるすべてのクロージャを処理するクラスを1つ作成するため、すべてのクロージャで使用されるすべてのメンバがこのクラス内にコピーされ

ます。以下のコードを参照してください。

```
public IEnumerable<int> MakeAnotherSequence()
{
    var counter = 0;

    var interim = Extensions.Generate(30,
        () => counter++);
    var gen = new Random();

    var numbers = from n in interim
                  select gen.Next() - n;
    return numbers;
}
```

MakeAnotherSequence()には2つのクエリがあります。1つ目のクエリは0から29までの整数のシーケンスを生成します。2つ目のクエリは乱数生成器によって入力シーケンスを変更します。C#コンパイラはcounterとgenの両方を含むようなクロージャを1つのprivateクラスとして実装するコードを生成します。MakeAnotherSequence()を呼び出すコードでは両方のローカル変数を含むprivateクラスのインスタンスにアクセスすることになります。コンパイラは2つのネストクラスを生成するのではなく、1つしか生成しません。1つのネストクラスのインスタンスが複数返されるのです。

最後に、クロージャ内で処理が実行されるタイミングに依存する問題について説明します。以下のコードがあるとします。

```
private static void SomeMethod(ref int i)
{
    //...
}

private static void DoSomethingInBackground()
{
    var i = 0;
    var thread = new Thread(delegate ()
        { SomeMethod(ref i); });
    thread.Start();
}
```

このコードでは1つの変数をキャプチャして、それを2つのスレッドで処理しています。さらに、両方のスレッドがその変数を参照引数として扱うようにしています。このコードを実行することで変数iの値がどのようになるのかを説明したかったのですが、実のところどのようになるのかを知ることはできないのです。両方のスレッドでiの値を取得したり変更したりすることができますが、スレッドの実行順序次第で、どちらのスレッドが値を変更できるかが変わります。

アルゴリズム中でクエリ式を使用する場合、コンパイラはメソッド全体にあるすべての式に対してただ1つのクロージャを作成します。このクロージャ型のオブジェクトはおそらくは走査を実装する型のメンバとしてメソッドから返されることになります。返されたオブジェクトはそれを使用するオブジェクトがすべて破棄されるまでシステム上に残り続けることになります。それによって多くの問題が発生する場合があります。`IDisposable`を実装するフィールドがクロージャにコピーされた場合、プログラムの正確性における問題を引き起こす可能性があります。持ち回るにはコストがかかりすぎるようなリソースをフィールドが抱えている場合、パフォーマンスの問題にもなります。いずれにしても、クロージャによって作成されたオブジェクトがメソッドから返される場合、クロージャ内には計算に必要なすべての変数が含まれているということを認識しておく必要があります。これらの変数に対して確実に後処理を実行できるようにしなければいけません。また、変数を直接処理できないのであれば、クロージャによって後処理されるようにすべきです。

## 項目42　IEnumerableとIQueryableを区別すること

IQueryable<T>とIEnumerable<T>は非常によく似たAPIシグネチャをしています。IQueryable<T>はIEnumerable<T>を継承しています。そのため、これら2つのインターフェイスには互換性があると考えるかもしれません。たいていの場合にはその通りで、実際そのように設計されています。一方、シーケンスはシーケンスであり、シーケンス同士に互換性があるとは限りません。シーケンスが異なれば挙動も異なり、また処理にかかるパフォーマンスも極めて異なります。

以下の2つのクエリ式はまったく別物です。

```
var q =
    from c in dbContext.Customers
    where c.City == "London"
    select c;
var finalAnswer = from c in q
                  orderby c.Name
                  select c;
// 最終結果であるfinalAnswerのシーケンスを走査するコードは省略

var q =
    (from c in dbContext.Customers
    where c.City == "London"
    select c).AsEnumerable();
var finalAnswer = from c in q
                  orderby c.Name
                  select c;
// 最終結果であるfinalAnswerのシーケンスを走査するコードは省略
```

これらのクエリは同じ結果を返しますが、実際の処理方法は大きく異なります。1番目のクエリでは`IQueryable`に対する普通のLINQ to SQLになっています。2番目のクエリはデータベースオブジェクトを`IEnumerable`シーケンスに強制的に変換した後、ローカル上で追加の作業を実行しています。つまり遅延評価と、LINQ to SQLによる`IQueryable<T>`のサポート機能とを組み合わせています。

　クエリの結果が実行されると、LINQ to SQLはすべてのクエリ文から結果を集計します。上の例であれば、メソッドを呼び出すことでデータベースにアクセスします。また、1つのSQLクエリ内で`where`句と`orderby`句が両方とも処理されます。

　2つ目のコードの場合、最初のクエリが`IEnumerable<T>`シーケンスであるため、以降の処理ではLINQ to Objectが使用され、デリゲート経由で実行されることになります。1つ目の式はロンドン在住の顧客情報をデータベースから取得します。そして2つ目の式で1つ目の結果を名前順に並べ替えています。並べ替え処理はローカル上で実行されます。

　`IQueryable`が使用できる場合、たいていは`IEnumerable`の機能を使用するよりも効率がよいため、クエリを`IQueryable`として実行すべきです。さらに、`IQueryable`と`IEnumerable`はクエリの処理方法にも違いが表れるため、ある環境で動作するクエリが別の環境では動作しないといった問題にも遭遇するでしょう。

　クエリの処理方法はすべての段階において異なっています。これは型の違いにも表れています。`Enumerable<T>`拡張メソッドはクエリ式中のラムダ式を関数引数と同列に扱うことができるようにするために、デリゲートを使用します。一方、`Queryable<T>`はそういった関数的なコードを式ツリーとして処理します。**式ツリー**（expression tree）はクエリの動作を表すロジックをすべて含むようなデータ構造です。`Enumerable<T>`は常にローカル上で処理されます。ラムダ式はメソッドとしてコンパイルされ、ローカルマシン上で実行されることになります。つまり、処理対象のデータをどこか別の場所からローカルアプリケーション内に持ってくる必要があるということです。非常に多くのデータを転送することになり、不要なデータがあればそのまま破棄することになります。

　一方、`Queryable`の場合は式ツリーを解析します。式ツリーが処理されると、LINQプロバイダにとって適切な形式へと変換され、データに最も近い場所で処理が行われます。結果に含まれるデータは先の場合よりも少なくなり、システムの負荷も小さくなります。しかし、`IQueryable`インターフェイスやシーケンスに対する`Queryable<T>`の実装に依存する場合、クエリ式に制限が課せられることになります。

　項目37で説明したように、`IQueryable`プロバイダはすべてのメソッドを解析するわけではありません。これらはロジックから外れたメソッドとして扱われます。一方で、`IQueryable`プロバイダは一連の演算子を把握しているとともに、.NET Framework上で実装されているはずの一連のメソッドも認識します。クエリが別のメソッド呼び出しを含む場合、`Enumerable`が使用できるようにクエリを変換する必要があります。

## 項目42　IEnumerableとIQueryableを区別すること

```
private bool isValidProduct(Product p) =>
    p.ProductName.LastIndexOf('C') == 0;

// 動作する
var q1 =
    from p in dbContext.Products.AsEnumerable()
    where isValidProduct(p)
    select p;
// コレクションを走査しようとすると例外がスローされる
var q2 =
    from p in dbContext.Products
    where isValidProduct(p)
    select p;
```

　LINQ to Objectはデリゲートを使用することでクエリをメソッド呼び出しできるようにするため、1番目のクエリは動作します。AsEnumerable()を呼び出すことで、クエリをローカル上で動作するよう強制し、where句もLINQ to Objectの機能によって処理されます。2番目のクエリは例外をスローします。その理由はLINQ to SQLがIQueryable<T>の実装を使用しているからです。LINQ to SQLにはクエリをT-SQLへと変換するIQueryProviderが実装されています。変換されたT-SQLはリモートにあるデータベースエンジンへと送信され、データベースエンジンがそのSQL文を実行します（項目38参照）。このアプローチの場合、データの転送量が小さく済ませられるため、物理的にもアプリケーション的にもコストが低くなるという利点があります。

　クエリの結果を明示的にIEnumerable<T>として受け取り、例外を避けるようにすることでパフォーマンスと堅牢性とをトレードオフすることができます。この欠点としては、LINQ to SQLによってデータベースからdbContext.Products全体が返されることです。さらに、クエリの残りの部分はローカル上で実行されます。IQueryable<T>はIEnumerable<T>を継承しているため、このメソッドはどちらを対象にしても呼び出すことができます。

　これは十分に単純な方法であるため、問題がなさそうに思えます。しかしメソッドを使用する側に対して、IEnumerable<T>シーケンスを強制的に使用させることになります。呼び出し側でIQueryable<T>を入力したとしても、すべての結果をプロセスのアドレス空間に取得し、その後にすべての要素を処理し、最終結果を返すことになるのです。

　一般的には最低限の共通クラスあるいはインターフェイスにメソッドを定義することが正しい方法ですが、IEnumerable<T>とIQueryable<T>においては該当しません。たとえそれらが外見的に共通する機能を持っていたとしても、それぞれの実装はまったく異なるため、データソースに応じて使い分ける必要があるのです。実際にはデータソースがIQueryable<T>とIEnumerable<T>のどちらを実装するか把握できるはずです。データソースがIQueryableを実装している場合にはこの型を使用するべきです。

　しかしTが同じであれば、IEnumerable<T>とIQueryable<T>の両方をサポートしなければいけない状況もあるでしょう。

```
public static IEnumerable<Product>
    ValidProducts(this IEnumerable<Product> products) =>
        from p in products
        where p.ProductName.LastIndexOf('C') == 0
        select p;

// string.LastIndexOf()はLINQ to SQLプロバイダでも
// サポートされているため問題はない
public static IQueryable<Product>
    ValidProducts(this IQueryable<Product> products) =>
        from p in products
        where p.ProductName.LastIndexOf('C') == 0
        select p;
```

見ての通り、このコードには重複があります。この重複はAsQueryable()メソッドを使用して、IEnumerable<T>をIQueryable<T>に変換することで回避できます。

```
public static IEnumerable<Product>
    ValidProducts(this IEnumerable<Product> products) =>
        ValidProducts(products.AsQueryable());
```

AsQueryable()はシーケンスの実行時の型を確認し、シーケンスがIQueryableであった場合にはシーケンスをIQueryableとして返します。一方、実行時の型がIEnumerableの場合にはLINQ to Objectを使用してIQueryableを実装するようなラッパーを作成し、そのラッパーを返します。つまりEnumerableの実装コードがIQueryableの参照として返されるというわけです。

AsQueryable()を使用することでさまざまな利点が得られます。IQueryableをすでに実装しているシーケンスであればそれを利用できます。また、IEnumerableしかサポートされないシーケンスであっても同じく対応できます。IQueryableシーケンスが渡された場合、Queryable<T>のメソッドを使用したり、式ツリーや外部実行をサポートしたりできるでしょう。IEnumerable<T>しかサポートしないシーケンスに対しては、IEnumerableの実装を実行時に利用することになるでしょう。

先のクエリではstring.LastIndexOf()というメソッド呼び出しがあることに注意してください。これはLINQ to SQLで正しく解析されるメソッドのうちの1つで、LINQ to SQLクエリ中でも使用できるメソッドです。しかし、プロバイダにはそれぞれ固有の機能が実装されるため、IQueryProviderを実装するすべてのプロバイダで使用できるとは限らないことに注意してください。

IQueryable<T>とIEnumerable<T>は機能的に同じように見えるかもしれません。これらの違いは、クエリの実装方法に依存するものです。データソースに適した型となるようにクエリの結果を宣言すべきです。クエリメソッドは静的に束縛されます。そのため、クエリ変数を適切な型と宣言することによって、正しい動作結果が得られるようになります。

## 項目43　クエリに期待する意味をSingle()やFirst()を使用して表現すること

　LINQライブラリを一読すると、もっぱらシーケンスを対象とするように設計されているものだと思い込むかもしれません。しかし、クエリとは無関係に単一の要素を返すようなメソッドもあります。それらのメソッドはそれぞれ固有の挙動を取るため、単一の結果を返すクエリに期待する動作を実現できます。

　Single()はちょうど1つの要素を返します。要素が存在しない、あるいは複数存在する場合、Single()は例外をスローします。これは期待するよりも厳格な動作でしょう。しかし予想と異なる結果が返った場合、それがすぐにわかるようになっていた方がいいはずです。ちょうど1つの要素が返されるはずのクエリを作成したのであれば、Single()を使用すべきです。それにより、クエリから返される要素がただ1つであるという想定でいることをはっきりさせることができます。確かに想定が間違っていた場合にはエラーとなるわけですが、即座にエラーとなるため、データが破損するような状況に陥ることもありません。即座にエラーとなることによって、問題を早期に調査および解決できるようになるでしょう。さらに、間違ったデータがその後の処理で扱われることもないため、アプリケーションのデータが破損することもありません。予想が間違っていれば、クエリが即座にエラーとなるわけです。

```
var somePeople = new List<Person>{
    new Person { FirstName = "Bill", LastName = "Gates"},
    new Person { FirstName = "Bill", LastName = "Wagner"},
    new Person { FirstName = "Bill", LastName = "Johnson"}};

// シーケンス内に複数の該当データが存在するため
// 例外がスローされる
var answer = (from p in somePeople
              where p.FirstName == "Bill"
              select p).Single();
```

　また、これまでのクエリと異なり、このメソッドは結果を確認する前の時点で例外をスローします。Single()はクエリを即座に評価し、単一の結果を返します。以下のコードもやはり同じ例外でエラーになります（ただし異なるメッセージが表示されます）。

```
var answer = (from p in somePeople
              where p.FirstName == "Larry"
              select p).Single();
```

　今回も同じく、1つの要素だけが結果になるという想定です。この想定が間違っていた場合、Single()はInvalidOperationExceptionをスローします。

　クエリが0または1つの要素を返す場合、SingleOrDefault()メソッドを使用します。し

かし、SingleOrDefault()は2つ以上の値が返された場合にやはり例外をスローすることに注意してください。先と同様、クエリ式から2つ以上の結果が返されないということを期待しているわけです。

```
var answer = (from p in somePeople
              where p.FirstName == "Larry"
              select p).SingleOrDefault();
```

クエリに一致する値が見つからない場合、結果としては（参照型のデフォルト値である）nullが返されます。

もちろん、複数のデータが返されたとしても、その中の1つだけが必要だという状況もあるでしょう。この場合にはFirst()あるいはFirstOrDefault()を使用します。これらはいずれも結果シーケンスの先頭にある要素を返します。シーケンスが空の場合、First()では例外がスローされ、FirstOrDefault()ではデフォルト値が返されます。以下のコードでは、最多得点を取得したフォワードを探していますが、誰も得点を決めていない場合にはnullが返されます。

```
// 動作する。nullが返る
var answer = (from p in Forwards
              where p.GoalsScored > 0
              orderby p.GoalsScored
              select p).FirstOrDefault();

// シーケンスに値がない場合、例外がスローされる
var answer2 = (from p in Forwards
               where p.GoalsScored > 0
               orderby p.GoalsScored
               select p).First();
```

先頭の要素が不要な場合もあるでしょう。この問題に対処する方法は複数あります。たとえば、再度並べ替えを行って、意図通りの要素が先頭にくるようにします（別の方法で並べ替えて、最後の要素を取得することも可能ですが、余計に時間がかかることでしょう）。

シーケンスで確認すべき位置があらかじめわかっている場合、SkipとFirstを組み合わせることで目的の要素を取得できます。以下のコードでは3番目に取得得点の多いフォワードを見つけ出しています。

```
var answer = (from p in Forwards
              where p.GoalsScored > 0
              orderby p.GoalsScored
              select p).Skip(2).First();
```

ちょうど1つの要素が必要であって、1要素のシーケンスが必要だというわけではないとい

うことを明確に表すため、ここではTake()ではなくFirst()を使用しています。FirstOrDefault()ではなくFirst()を使用しているため、コンパイラは得点を決めたフォワードが少なくとも3人はいるのだと想定します。

しかし特定の位置にある要素を探し出す場合、クエリの組み立て方を工夫できるはずです。着目すべきプロパティに違いがないでしょうか? 検索対象のシーケンスがIList<T>を実装していて、インデックスによるアクセスが可能かどうかチェックした方がいいのではないでしょうか。アルゴリズムを変更して、ちょうど1つの要素だけを見つけ出せるようにする必要はないでしょうか? 別の解決方法を見つけることによって、コードの意味を明確にすることができるでしょう。

単一の値を返すように設計されたクエリは数多くあるでしょう。単一の値を探す場合、1つの要素を含んだシーケンスを返すのではなく、単一の値を返すようなクエリを作成するとよいでしょう。Single()を使用すると、ちょうど1つだけの結果が返されること期待しているのだと表明できます。SingleOrDefault()であれば0または1つの結果となることを意味します。FirstやLastを使用すると、シーケンスから1つの要素を取得できます。1要素を見つける他のメソッドを使用するのであれば、意図した通りのクエリが作成できていないということを示します。結果、コードを使用する場合、あるいはメンテナンスする場合にコードの意図が明確に伝わらないということにもつながるでしょう。

## 項目44　束縛した変数を変更しないこと

以下のコードでは、クロージャ内でキャプチャした変数をクロージャの外で変更した場合に何が起こるのかを示しています。

```
var index = 0;
Func<IEnumerable<int>> sequence =
    () => Utilities.Generate(30, () => index++);

index = 20;
foreach (int n in sequence())
    WriteLine(n);
WriteLine("完了");
index = 100;
foreach (var n in sequence())
    WriteLine(n);
```

このコードを実行すると、20から50までが出力された後、100から130まで出力されます。この結果に驚くかもしれません。この項目ではコンパイラが生成したコードでこのような結果となる理由を説明します。挙動としては理にかなったものであり、それぞれ利点と欠点があることがわかるでしょう。

# 第4章 LINQを扱う処理

　C#コンパイラはクエリ式を実行可能なコードへと変換する際、相当量の作業を行います。C#言語には優れた新機能が数多くありますが、それらはいずれも最終的には.NET CLRのバージョン2.0と互換性があるILコードとしてコンパイルされます。クエリ構文は新しいアセンブリに依存しますが、CLRの機能としては何一つ新しいものに依存しません。C#コンパイラはクエリおよびラムダ式をstaticデリゲート、インスタンスデリゲート、あるいはクロージャのいずれかへと変換します。これらのいずれになるかは、ラムダ式の本体によって異なります。そう聞くと言語に暗黙的な了解が多数あるように思えるかもしれませんが、これはコードを書く側にとって非常に重要なことです。コンパイラが変換する先に応じて、コードの挙動が変わります。

　すべてのラムダ式が同じコードとして変換されるわけではありません。最も簡単な例として、以下の形式のコードであればコンパイラはデリゲートを生成します。

```
int[] someNumbers = { 0, 1, 2, 3, 4, 5, 6, 7, 8, 9, 10 };
var answers = from n in someNumbers
    select n * n;
```

　コンパイラはselect n * nの式をstaticデリゲートとして変換します。生成されたコードはおよそ以下のようなものになります。

```
private static int HiddenFunc(int n) => (n * n);

private static Func<int, int> HiddenDelegateDefinition;

// デリゲートを使用するコード：
int[] someNumbers = new int[] { 0, 1, 2, 3, 4, 5, 6, 7, 8, 9, 10 };
if (HiddenDelegateDefinition == null)
{
    HiddenDelegateDefinition = new
        Func<int, int>(HiddenFunc);
}
var answers = someNumbers
    .Select<int, int>(HiddenDelegateDefinition);
```

　ラムダ式の本体はインスタンス変数やローカル変数をまったく使用しません。ラムダ式の引数のみ使用しています。そのため、C#コンパイラはデリゲート登録用のstaticメソッドを作成します。これはC#コンパイラの動作としては一番単純なものです。C#コンパイラはラムダ式がprivate staticメソッドとして実装可能であれば常にそのようにメソッドを定義し、対応するデリゲートの定義も生成します。上の例にあるような単純なコードや、staticクラスの値にアクセスするメソッドの場合にこのような動作となります。

　先のラムダ式は、デリゲートにラップされたメソッドを呼び出すという非常に単純な構文になりました。これ以上単純なものはありません。次に単純なものは、インスタンス変数を使用

するものの、ローカル変数をまったく使用しない場合です。

```csharp
public class ModFilter
{
    private readonly int modulus;
    public ModFilter(int mod)
    {
        modulus = mod;
    }
    public IEnumerable<int> FindValues(
        IEnumerable<int> sequence)
    {
        return from n in sequence
            where n % modulus == 0 // 新しい式
            select n * n; // 先の例と同じ
    }
}
```

今回の場合、コンパイラは新しい式をインスタンスメソッドとして用意します。コンセプトとしては先ほどと同じですが、今回はデリゲートがオブジェクトの状態を読み取ることができるようにするために、インスタンスメソッドが使用されます。staticデリゲートの例と同じく、コンパイラはラムダ式をよく見慣れた形のコードへと変換します。デリゲートの定義があり、登録されたメソッドが呼び出されるというコードです。

```csharp
// LINQ以前のバージョン
public class ModFilter
{
    private readonly int modulus;

    // 新しいメソッド
    private bool WhereClause(int n) =>
        ((n % this.modulus) == 0);

    // 元のメソッド
    private static int SelectClause(int n) =>
        (n * n);

    // 元のデリゲート
    private static Func<int, int> SelectDelegate;

    public IEnumerable<int> FindValues(
        IEnumerable<int> sequence)
    {
        if (SelectDelegate == null)
        {
            SelectDelegate = new Func<int, int>(SelectClause);
        }
        return sequence.Where<int>(
            new Func<int, bool>(this.WhereClause)).
```

第4章　LINQを扱う処理

```
                Select<int, int>(SelectClause);
    }
    // その他のメソッドは省略
}
```

　ラムダ式内のコードがオブジェクトのメンバ変数を使用する場合、コンパイラはラムダ式を常にインスタンスメソッドへと変換します。特に不思議なことは何もありません。コンパイラは単にコード入力の手間を省略できるようにしているだけなのです。昔ながらのメソッド呼び出しでしかありません。

　しかしラムダ式中のコードがローカル変数やメソッドの引数を使用する場合、コンパイラはかなりの作業を強いられます。この場合にはクロージャが必要になります。コンパイラは**private**ネストクラスを生成して、ローカル変数用のクロージャを実装します。ローカル変数はラムダ式の本体を実装するデリゲートの引数になる必要があります。さらに、ラムダ式によってローカル変数が変更された場合、それがスコープの外からも確認できるようになっている必要があります。"The C# Programming Language, Third Edition"の§7.14.4.1に詳細な動作が記載されています。スコープの内外ともに1つ以上の変数があるということは自然なことです。また、複数のクエリ式を含んでいることもあるでしょう。

　先ほどのサンプルコードを若干変更して、ローカル変数を使用するようにしてみます。

```
public class ModFilter
{
    private readonly int modulus;

    public ModFilter(int mod)
    {
        modulus = mod;
    }

    public IEnumerable<int> FindValues(
        IEnumerable<int> sequence)
    {
        int numValues = 0;
        return from n in sequence
               where n % modulus == 0 // 新しい式
               // select句でローカル変数を使用する
               select n * n / ++numValues;
    }
    // その他のメソッドは省略
}
```

　select句でローカル変数numValuesが必要になったことが変更点です。コンパイラはネストクラスを生成して、このクラスに機能を実装することによってクロージャを作成します。コンパイラの生成したコードは以下のようになります。

## 項目44　束縛した変数を変更しないこと

```
// LINQ以前の単純なクロージャ
public class ModFilter
{
    private sealed class Closure
    {
        public ModFilter outer;
        public int numValues;

        public int SelectClause(int n) =>
            ((n * n) / ++this.numValues);
    }

    private readonly int modulus;

    public ModFilter(int mod)
    {
        this.modulus = mod;
    }

    private bool WhereClause(int n) =>
        ((n % this.modulus) == 0);

    public IEnumerable<int> FindValues
        (IEnumerable<int> sequence)
    {
        var c = new Closure();
        c.outer = this;
        c.numValues = 0;
        return sequence.Where<int>
            (new Func<int, bool>(this.WhereClause))
            .Select<int, int>(
                new Func<int, int>(c.SelectClause));
    }
}
```

今回の場合、コンパイラはラムダ式の内側で使用または変更される変数をすべて含むようなネストクラスを用意します。実際、すべてのローカル変数はネストクラスのフィールドとして変換されます。ラムダ式の外部コードおよび内部コードの両方が同じフィールドを使用するようになります。ラムダ式内のロジックは内部クラスのメソッドとしてコンパイルされます。

コンパイラはメソッドの引数がラムダ式で使用されている場合、ローカル変数とまったく同じ扱いをします。つまりクロージャを表すネストクラスに引数の値をコピーするわけです。

最初のコードを振り返ってみましょう。不思議な挙動となった理由がわかるようになったはずです。incrementBy変数はクロージャ内に置かれた後、かつクエリが実行される前に変更されています。内部構造を変更した後、時間の経過とともにそれが巻き戻り、以前の値が使用されるはずだと思い込んだわけです。

クエリを実行する合間で束縛された変数を変更してしまうと、遅延実行処理とコンパイラによるクロージャの実装方法とが作用して、意図しないエラーを引き起こします。そのため、ク

197

第4章　LINQを扱う処理

ロージャにキャプチャされた束縛変数は変更しないようにすべきです。

# 第5章　例外処理

エラーは起こるものです。どれだけ最善を尽くしたとしても、プログラムは予期しない状況に遭遇するものです。.NET Frameworkにおいて、メソッドは正常終了するか、そうでなければ処理が失敗したことを示すために例外をスローします。この動作を自分のコードにも応用すれば、自作のライブラリやアプリケーションを簡単に使用したり、拡張したりできるようになります。また、例外がスローされた場合でも堅牢なコードを作成するスキルは、すべてのC#開発者にとって重要です。

例外をスローするようなメソッドを呼び出すコードを作成することもあるでしょう。例外をスローするメソッドを呼び出す場合、一般的な作法に従ってコードを記述することになります。

自分で作成したコードが直接例外をスローする場合もあります。.NET Frameworkデザインガイドラインでは、要求された処理が実行できない場合には常に例外をスローすべきことを推奨しています。その場合、問題の調査や修正のために必要となるすべての情報と、可能であれば問題の根本的な原因が例外に含まれるようにすべきです。また、修復可能な状態にある場合には、アプリケーションが意図した状態になっているようにします。

## 項目45　契約違反を例外として報告すること

メソッドがしかるべき動作を正しく実行できない場合、例外をスローすることで処理の失敗を報告すべきです。エラーコードは無視されやすい上に、エラーコードをチェックしたり、伝搬したりするコードによって正常実行時のフローが汚染され、重要なロジックが不明瞭になります。しかし例外をフロー制御のために使用してはいけません。つまり、アプリケーションが正常実行されている場合には例外がほとんどスローされないようにできるようなpublicメソッドを用意するべきです。例外は実行コストが高いものであり、例外に耐性のあるコードを作成することは困難です。`try...catch`ブロックを書くことなく、状況を確認できるようなAPIを提供すべきです。

例外には、エラーコードを返すことによるエラー通知メカニズムよりも多くの利点があるた

め、例外を使用して失敗を通知するようにすべきです。エラーコードはメソッドのシグネチャの一部であり、たいていの場合にはエラー通知以外の情報が含まれることになります。エラーコードが計算結果を表す一方で、例外は失敗を報告するという用途しかありません。例外はクラスであり、独自の派生型を実装できるため、例外を使用すれば失敗に関する情報を豊富に利用できるようになります。

エラーコードはメソッドの呼び出し側で処理される必要があります。一方、スローされた例外は適切な`catch`句が見つかるまでコールスタックを遡って伝搬されます。そのため、コールスタック内で発生したエラーと、それを処理するコードとを分離できます。例外クラスの機能のおかげで、コードを分離したとしてもエラーに関する情報が失われることもありません。

最後に、例外は簡単には無視できません。プログラムに適切な`catch`句が見つからない場合、スローされた例外によってアプリケーションが強制停止させられます。たとえデータの破損を引き起こすような失敗に気づかなかったとしても、アプリケーションを実行し続けることはできないのです。

契約違反を例外で通知するようにしたとしても、要求された処理を実行できないメソッドであれば必ず例外をスローして終了すべきだということではありません。つまり、すべての失敗が例外というわけではないのです。`File.Exists()`はファイルがあれば`true`、なければ`false`を返します。`File.Open()`はファイルが存在しない場合には例外をスローします。この違いは単純です。`File.Exists()`はファイルが存在するかどうかを通知できれば十分に役割を果たします。ファイルが存在しなかったとしても、このメソッドは正常終了します。一方、`File.Open()`はファイルが存在し、現在のユーザーがファイルを読み取ることができ、現在のプロセスがファイルを読み取り権限でオープンできる場合にのみ正常終了します。`File.Exists()`の場合、期待した答えが得られなかった場合でもメソッドは正常終了します。`File.Open()`の場合、ファイルが存在しなければメソッドが失敗し、プログラムを継続実行することもできません。メソッドから期待とは異なる値が返されたとしても、それは失敗とは異なるものです。メソッドとしては正しい動作であり、要求された情報を得ることができます。

この違いは、メソッドの命名規則にも影響します。何かしらの処理を行うメソッドには、実行される処理に対応するような名前が付けられるべきです。一方、特定の動作をチェックするようなメソッドには、テストの対象を示すような名前が付けられるべきです。さらに、例外をフロー制御に使用しないためにも、テスト用のメソッドも用意すべきです。例外処理は、通常のメソッド呼び出しよりも長い時間がかかります。そのため、何かしらの処理を実行する前に失敗条件を確認できるようなメソッドをクラスに用意しておくべきです。そうすることによって、プログラムがより堅牢になります。また、メソッドを呼び出す前に条件を確認しなかった場合には、依然として例外をスローすればよいでしょう。

例外をスローする可能性があるメソッドを作成する場合、その例外を発生させ得る条件をチェックするようなメソッドを用意すべきです。このチェック用のメソッドを内部的に使用すれば、処理を実行する前に前提条件を確認することができます。また、条件に一致しなければ

例外をスローするようにします。

　たとえば特定のウィジェットが用意されていない場合には失敗するようなワーカークラスがあるとします。APIとしてはワーカー用のメソッドだけが用意されていて、迂回方法が用意されていない場合、以下のようなコードを使用者側に期待することになります。

```
// 非推奨
DoesWorkThatMightFail worker = new DoesWorkThatMightFail();
try
{
    worker.DoWork();
}
catch (WorkerException e)
{
    ReportErrorToUser(
    "条件チェックに失敗しました。ウィジェットを確認してください。");
}
```

　そうではなく、作業の開始前に条件を明示的にチェックできるようなpublicメソッドを用意すべきです。

```
public class DoesWorkThatMightFail
{
    public bool TryDoWork()
    {
        if (!TestConditions())
            return false;
        Work(); // 失敗時に例外をスローする可能性がありますが、まれ
        return true;
    }

    // 失敗によって回復不可能な問題が発生した場合にのみ呼ばれる
    public void DoWork()
    {
        Work(); // 失敗時には例外をスロー
    }

    private bool TestConditions()
    {
        // 本体については省略
        // 条件をここでチェック
        return true;
    }

    private void Work()
    {
        // 省略
        // 各処理を実行
    }
}
```

このパターンでは2つのpublicメソッドと、2つのprivateメソッドの合計4つを実装する必要があります。TryDoWork()メソッドはすべての入力と、処理に必要な全内部オブジェクトを検証します。DoWork()は単にWork()を呼び出して、失敗時に例外を生成させます。例外がスローされるとパフォーマンスに大きな影響が出るため、開発者としてはメソッドが失敗する前に条件を確認して、その影響を回避できるようにしたいものです。そのためにこのようなテクニックが.NETでは使用されています。

先のコードの場合、処理の前に条件をチェックしておきたければ以下のようにできます。

```
if (!worker.TryDoWork())
{
    ReportErrorToUser
        ("条件チェックに失敗しました。ウィジェットを確認してください。");
}
```

事前条件を確認することによって、引数のチェックや内部状態のチェックなど、他のチェックも実施できることになります。このテクニックは、ワーカークラスがユーザーからの入力やファイル入力、未知のコードから渡された引数など、信頼できない入力を処理するような場合に利用することになります。これらが失敗することは比較的よくあることなので、アプリケーションとしては復旧用の処理が定義されているべきでしょう。この場合には例外を発生させないような制御構造をサポートする必要があります。ただし、Work()から例外をまったくスローしないようにすべきだと言いたいわけではありません。引数のチェックを通った後であっても、期待しないエラーが起こる可能性があります。そういったエラーに対しては、TryDoWork()が呼び出されている場合であっても例外をスローして失敗を通知すべきです。

メソッドが契約を完了できない場合に例外をスローするかどうかは開発者が任意に決定できます。契約が失敗した場合には常に例外をスローしてそれを通知するようにします。例外によるフロー制御は行ってはいけません。そのため、例外をスローする可能性があるメソッドを呼び出す前に、不正な条件をチェックできるようなメソッドを提供するべきです。

## 項目46　usingおよびtry...finallyを使用してリソースの後処理を行う

非マネージリソースを使用する型の場合、IDisposableインターフェイスのDispose()メソッドを呼び出してリソースの後処理を行う必要があります。これは.NET環境において、型を使用する側に課せられる規則であり、型あるいはシステムが保証するものではありません。そのため、Dispose()メソッドを実装する型を使用する場合、Dispose()メソッドを呼び出してリソースを解放するのは型を使用する側に責任があります。Dispose()メソッドを確実に呼び出すためには、usingステートメントを使用するか、try...finallyブロックを使用するとよいでしょう。

非マネージリソースを保持するすべての型はIDisposableインターフェイスを実装します。また、この型を使用する側でDispose()メソッドが呼ばれなかった場合に備えて、ファイナライザも実装します。そうすることにより、Dispose()メソッドが呼び出されなかったとしても、ファイナライザが実行される時点で非マネージリソースが解放されるようになります。この場合、オブジェクトは長い間メモリ上に残り続けるため、リソースの保持が原因でアプリケーションのパフォーマンス低下を引き起こすことになるでしょう。

幸い、C#の設計者たちはリソースの暗黙的な解放がよくある問題だということを認識しています。そのため、暗黙的にリソースを解放するためのキーワードが言語に追加されています。

次のようなコードがあるとします。

```csharp
public void ExecuteCommand(string connString,
    string commandString)
{
    SqlConnection myConnection = new SqlConnection(connString);
    var mySqlCommand = new SqlCommand(commandString, myConnection);

    myConnection.Open();
    mySqlCommand.ExecuteNonQuery();
}
```

上のコードではSqlConnectionとSqlCommandという2つのIDisposableオブジェクトを使用していますが、いずれもファイナライザが呼ばれるまでメモリ上に残り続けます（どちらのクラスもSystem.ComponentModel.Componentからファイナライザを継承しています）。

この問題を解決するには、両オブジェクトのDisposeを呼び出すようにします。

```csharp
public void ExecuteCommand(string connString,
    string commandString)
{
    var myConnection = new SqlConnection(connString);
    var mySqlCommand = new SqlCommand(commandString, myConnection);

    myConnection.Open();
    mySqlCommand.ExecuteNonQuery();

    mySqlCommand.Dispose();
    myConnection.Dispose();
}
```

このコードはSQLクエリが実行された際に例外が起こらない限りは正しく機能します。例外が発生してしまうと、Dispose()メソッドは実行されません。usingステートメントを使うことにより、確実にDispose()が呼ばれるようにできます。usingステートメント中でインスタンスを生成することにより、C#コンパイラはそのオブジェクトの外側にtry...finally

ブロックを用意します。

```
public void ExecuteCommand(string connString,
    string commandString)
{
    using (SqlConnection myConnection = new
        SqlConnection(connString))
    {
        using (SqlCommand mySqlCommand = new
            SqlCommand(commandString, myConnection))
        {
            myConnection.Open();
            mySqlCommand.ExecuteNonQuery();
        }
    }
}
```

メソッド中でIDisposableオブジェクトを使用する場合、そのオブジェクトを確実に破棄するにはusingステートメントを使用する方法が最も簡単です。usingステートメントを使用すると、ステートメント内で生成されるオブジェクトを囲うようにtry...finallyブロックが用意されます。次の2つのコードからは同じILが生成されます。

```
SqlConnection myConnection = null;

// usingステートメントの例
using (myConnection = new SqlConnection(connString))
{
    myConnection.Open();
}

// try...finallyブロックの例
try
{
    myConnection = new SqlConnection(connString);
    myConnection.Open();
}
finally
{
    myConnection.Dispose();
}
```

もしIDisposableインターフェイスを実装しない型に対してusingステートメントを実行しようとした場合、C#コンパイラはエラーを返します。

```
// コンパイル不可
// stringはIDisposableをサポートしない
using (string msg = "これはメッセージです")
    Console.WriteLine(msg);
```

usingステートメントはコンパイル時にIDisposableインターフェイスをサポートする型においてのみ有効です。型が特定できないオブジェクトに対しては使用できません。

```
// コンパイル不可
// objectはIDisposableをサポートしない
using (object obj = Factory.CreateResource())
    Console.WriteLine(obj.ToString());

// 正しく動作する
// objectはIDisposableをサポートしているかもしれないし
// していないかもしれない
object obj = Factory.CreateResource();
using (obj as IDisposable)
    Console.WriteLine(obj.ToString());
```

objがIDisposableインターフェイスを実装している場合、usingステートメントによって後処理用のコードが生成されます。実装していない場合にはusing(null)とみなされるため、正しく実行されますがusingステートメントに対するコードは生成されません。オブジェクトをusingステートメントに入れるべきかどうか判断できない場合には、できるだけ安全な選択をすべきです。すなわち、型がIDisposableを実装しているものとみなして、上のコードのようにしてusingステートメントを用意しておくとよいでしょう。

ここまでで、メソッドローカルなIDisposableオブジェクトに対してはusingステートメントで後処理をすべきだという一番単純な例を紹介しました。次に、より複雑な場合を考えてみます。

最初の例ではSqlConnectionとSqlCommandという2種類のIDisposableオブジェクトが出てきました。そのため、それぞれのオブジェクトに対して2つのusingステートメントを使用しました。usingステートメント1つにつき1つのtry...finallyブロックが生成されるため、先のコードは次のようなコードとみなすことができます。

```
public void ExecuteCommand(string connString, string commandString)
{
    SqlConnection myConnection = null;
    SqlCommand mySqlCommand = null;
    try
    {
        myConnection = new SqlConnection(connString);
        try
        {
            mySqlCommand = new SqlCommand(commandString, myConnection);
            myConnection.Open();
            mySqlCommand.ExecuteNonQuery();
        }
        finally
        {
            if (mySqlCommand != null)
```

```
            mySqlCommand.Dispose();
        }
    }
    finally
    {
        if (myConnection != null)
            myConnection.Dispose();
    }
}
```

usingステートメントそれぞれに対してtry...finallyブロックが生成されます。幸いなことに、IDisposableを実装している2つの別々のオブジェクトを1つのメソッド内で生成することは滅多にありません。上のコードの場合、正しく機能するためこのままで問題ありません。とはいえ、このコードは冗長であるため、複数のIDisposableオブジェクトを同じブロック内で生成するようなtry...finallyブロックを自分で用意した方がよい場合もあるでしょう。

```
public void ExecuteCommand(string connString, string commandString)
{
    SqlConnection myConnection = null;
    SqlCommand mySqlCommand = null;
    try
    {
        myConnection = new SqlConnection(connString);
        mySqlCommand = new SqlCommand(commandString,
            myConnection);
        myConnection.Open();
        mySqlCommand.ExecuteNonQuery();
    }
    finally
    {
        if (mySqlCommand != null)
            mySqlCommand.Dispose();
        if (myConnection != null)
            myConnection.Dispose();
    }
}
```

しかし、以下のようなas演算子とusingステートメントを組み合わせたコードを簡単に書けてしまうため、先のコードのままにしておいた方がいいかもしれません。

```
public void ExecuteCommand(string connString, string commandString)
{
    // 潜在的なメモリリークの可能性があるため、避けるべき！
    SqlConnection myConnection = new SqlConnection(connString);
    SqlCommand mySqlCommand = new SqlCommand(commandString, myConnection);
    using (myConnection as IDisposable)
    using (mySqlCommand as IDisposable)
```

```
    {
        myConnection.Open();
        mySqlCommand.ExecuteNonQuery();
    }
}
```

このコードはすっきりとしているように見えますが、SqlCommand()のコンストラクタが例外をスローした場合、SqlConnectionオブジェクトが破棄されないという潜在的なバグがあります。myConnectionが作成された後、SqlCommandのコンストラクタが実行される時点ではまだusingステートメントの中にいません。usingブロックの内側にコンストラクタがなければDisposeの呼び出しが省略されてしまいます。IDisposableを実装するオブジェクトを生成する場合、常にusingステートメントの中か、あるいはtryブロック中で生成するようにすべきです。そうしなければリソースリークの発生を抑えることができません。

ここまでで2つのケースについての対応方法を紹介しました。メソッド中で1つのIDisposableオブジェクトを使用する場合、リソースを確実に解放するためには、usingステートメント中でオブジェクトを生成する方法が最も簡単です。複数のIDisposableオブジェクトを使用する場合、複数のusingステートメントを使用するか、1つのtry...finallyブロックを自分で用意することになります。

3番目のケースとして、型がリソース解放のためにDisposeメソッドとCloseメソッドを持っている場合があります。たとえばSqlConnectionなどが該当します。SqlConnectionは次のようにすることもできます。

```
public void ExecuteCommand(string connString, string commandString)
{
    SqlConnection myConnection = null;
    try
    {
        myConnection = new SqlConnection(connString);
        SqlCommand mySqlCommand = new SqlCommand(commandString, myConnection);
        myConnection.Open();
        mySqlCommand.ExecuteNonQuery();
    }
    finally
    {
        if (myConnection != null)
            myConnection.Close();
    }
}
```

このコードではClose()を呼んでいますが、Dispose()を呼び出した場合とは厳密には一致しません。Dispose()メソッドはそのオブジェクトのファイナライザを呼び出さなくてよいということをガベージコレクタに通知するなど、リソースの解放以外の処理も行っています。DisposeではGC.SuppressFinalize()が呼ばれていますが、Closeでは通常呼ばれま

せん。その結果、実際にはファイナライザの呼び出しが不要であるにも関わらず、オブジェクトはファイナライザキューに残されることになります。どちらか選択できる場合には、`Close()` よりも `Dispose()` を呼ぶようにするとよいでしょう。この複雑な話については項目17を参照してください。

オブジェクトは `Dispose()` が呼ばれただけではメモリから削除されません。このメソッドはオブジェクトに非マネージリソースを解放させるだけです。そのため、使用中のオブジェクトに対して `Dispose()` を呼び出した場合、何らかの問題が発生することがあります。上記の例では `SqlConnection` を使用していますが、`SqlConnection` の `Dispose()` メソッドではデータベースへの接続が閉じられます。接続を破棄した後も `SqlConnection` オブジェクトはメモリに残っていますが、すでにデータベースへの接続はありません。オブジェクトがメモリ上にあっても、使い物にならないのです。プログラムの別の場所から参照されているオブジェクトに対しては、`Dispose()` を呼び出さないよう注意してください。

C#におけるリソース管理はある意味でC++よりも難しいものだと言えるでしょう。使用中のリソースがファイナライザ実行時に解放されるということをあてにはできません。しかしガベージコレクタ下の環境ではさまざまな補助が期待できます。実際使用することになるであろうほとんどの型においては、`IDisposable` は実装されていません。.NET Frameworkにおいて `IDisposable` を実装するクラスはわずか数パーセントです。`IDisposable` を実装するクラスを使用する場合には、常に `Dispose` が呼ばれるようにすべきだということを忘れないでください。つまり、そのオブジェクトを `using` ステートメントか `try...finally` ブロックのいずれかで囲い、いついかなる場合でも確実に破棄されるようにすべきです。

## 項目47　アプリケーション固有の例外クラスを作成する

例外はエラーを報告するために利用可能なメカニズムで、実際にエラーが発生した場所とはかけ離れた場所で処理されることもあります。エラーが発生した原因に関する情報はすべて例外オブジェクトに含められます。元々含まれていた情報を維持したまま、低レベルで発生したエラーをアプリケーション固有のエラーとして変換することもあるでしょう。C#アプリケーション固有の例外クラスを作成する場合、さまざまなことを十分に検討する必要があります。

まず、独自の例外を作成すべき状況と理由、そして階層的な例外情報を構成するための方法を把握する必要があります。コード中に `catch` 句を記述すると、実行時の例外の型に応じてコードが実行されます。それぞれの例外に対してそれぞれ異なる処理を行うことができます。

```
try
{
    Foo();
    Bar();
}
catch (MyFirstApplicationException e1)
```

```
{
    FixProblem(e1);
}
catch (AnotherApplicationException e2)
{
    ReportErrorAndContinue(e2);
}
catch (YetAnotherApplicationException e3)
{
    ReportErrorAndShutdown(e3);
}
catch (Exception e)
{
    ReportGenericError(e);
    throw;
}
finally
{
    CleanupResources();
}
```

catch句は実行時における例外の型それぞれに対して記述できます。そのため、アプリケーション開発者は、catch句でそれぞれ固有の処理を行えるように例外クラスを作成したり、使用したりすべきです。上のコードでは、それぞれの例外に対してすべて異なる処理が実行されることに注意してください。開発者からすると、処理方法が異なる場合にのみ例外それぞれに対するcatch句を用意するようにしたいと考えるでしょう。そうでなければ単に余計な手間が増えるだけです。したがって、例外を発生させた問題に対して、異なる対応が必要になることが確実である場合のみ別の例外を用意するべきです。それがはっきりしないまま、複数の例外が用意されてしまうと、例外を使用する側に不要な混乱を招くことになります。例外が発生した場合には常にアプリケーションを終了するように実装することもできます。そうすれば作業量は少なくなりますが、アプリケーションの使用者には歓迎されないでしょう。そうではなく、発生した例外を調査して、エラーを修正できるかどうか判断できるようにすべきです。

```
private static void SampleTwo()
{
    try
    {
        Foo();
        Bar();
    }
    catch (Exception e)
    {
        switch (e.TargetSite.Name)
        {
        case "Foo":
            FixProblem(e);
            break;
```

```
            case "Bar":
                ReportErrorAndContinue(e);
                break;
            // Foo()またはBar()から呼ばれた処理で例外が発生した場合
            default:
                ReportErrorAndShutdown(e);
                throw;
            }
    }
    finally
    {
        CleanupResources();
    }
}
```

　このコードは複数のcatch句を使用する場合よりも遥かに面白みに欠けます。また、非常に破綻しやすくもあります。もしルーチン名が変わった場合、このコードは動作しなくなるでしょう。エラーが発生するコードを共通のユーティリティメソッドに移しただけで動作しなくなります。例外が発生したコールスタックの位置が深ければ深いほど、上のようなコードは意図した通りには機能しなくなるでしょう。

　この話題を追求する前に、2点だけ注意させてください。1つは、起こり得るすべてのエラー状態に対して例外を用意する必要はないということです。明確なガイドラインはないのですが、発生したエラーが即座に処理あるいは報告されないのであれば、長期にわたって問題を引き起こすような場合にのみ例外を使用することを推奨します。たとえば、データベース内のデータ整合性エラーなどは例外を発生すべきです。エラーを無視したとしても、さらなるエラーが発生するだけです。一方、ユーザーのウィンドウ位置設定の保存に失敗したとしても、アプリケーションにはそれほど重大なエラーが起きるわけではありません。処理の返り値で成否が判断できれば十分です。

　もう1つは、throwステートメントを記述するためだけに新しい例外クラスを定義する必要はないということです。なるべく例外クラスを作成すべきだと推奨しているのは、単に筆者の性質によるものです。というのも、あまりにも多くの人がSystem.Exceptionを使用して例外をスローすることに囚われているように思えるからです。これでは例外を処理するコードに最低限の情報しか伝達できません。その代わり、例外を処理するコードがエラーの原因を特定し、エラーを修正できるような情報を含んだ独自の例外クラスを作成するよう検討するとよいでしょう。

　繰り返しますが、それぞれのcatch句で個別のエラー処理ができるようにすることを目的として、個別の例外クラスを用意すべきです。実際、そうでなければ新しい例外クラスを用意する必要はないでしょう。何らかの修復処理が行えるようなエラー状態であるかどうかを検討した上で、その状態を処理できるよう、固有の例外クラスを作成すべきです。ファイルやディレクトリが見つからない場合にアプリケーションは修復可能でしょうか？　セキュリティ権限が

## 項目47　アプリケーション固有の例外クラスを作成する

不足している場合はどうでしょうか？ ネットワークリソースが見つからない場合は？ エラーが発生した際、発生したエラーごとに異なる処理を行って修復処理を行えるようにするために、新しい例外クラスを作成すべきです。

では実際に独自の例外クラスを作成してみましょう。例外クラスを作成するためにすべきことはそれほど多くありません。まず独自の例外クラス名は「Exception」で終わっていなければいけません。また例外クラスは必ず System.Exception か、他の適切な例外クラスから派生させなければいけません。ただし、親クラスに機能を追加することはほとんどありません。異なる種類の例外クラスを作成するのは、catch句でそれぞれ異なる例外としてキャッチされるようにするためです。Visual Studio などのエディタには例外を新しく実装するためのテンプレートが用意されています。

なお、親クラスにある機能が独自のクラスでなくなってしまわないように注意してください。Exception クラスには4つのコンストラクタが定義されています。

```
// 既定のコンストラクタ
public Exception();

// メッセージを指定して例外を作成
public Exception(string);

// メッセージと内部例外を指定して例外を作成
public Exception(string, Exception);

// 入力ストリームから例外を作成
protected Exception(SerializationInfo, StreamingContext);
```

独自の例外クラスを定義する場合、これら4つのコンストラクタを定義すべきです。最後のコンストラクタは、独自の例外クラスがシリアル化可能でなければいけないことを意味していることに注意してください。それぞれのコンストラクタはそれぞれ異なる状況において実行されます（違う例外クラスから派生させた場合には、その親クラスにおける適切なコンストラクタをすべて含むようにしなければいけません）。独自のクラスにおいては、それぞれ親クラスの実装に処理を任せるようにします。

```
[Serializable]
public class MyAssemblyException :
    Exception
{
    public MyAssemblyException() :
        base()
    {
    }

    public MyAssemblyException(string s) :
        base(s)
```

## 第5章　例外処理

```csharp
    {
    }
    public MyAssemblyException(string s,
        Exception e) :
        base(s, e)
    {
    }

    // .NET Coreプラットフォームではサポートされない場合がある
    protected MyAssemblyException(
        SerializationInfo info, StreamingContext cxt) :
        base(info, cxt)
    {
    }
}
```

　Exceptionを引数に取るコンストラクタについてはもう少し補足します。場合によっては使用中のライブラリが例外をスローすることがあります。その際に、使用中のライブラリから発生した例外をそのままスローしてしまうと、作成中のライブラリを使用するコードでは最低限の情報しか得られないことになってしまいます。

```csharp
public double DoSomeWork()
{
    // 以下ではサードパーティ製のライブラリから
    // 例外がスローされる可能性がある
    return ThirdPartyLibrary.ImportantRoutine();
}
```

　この場合には、例外が発生した時点でライブラリ固有の情報を付加しつつ、元の例外をInnerExceptionとして含むような独自の例外としてスローすべきです。そうすることで、例外に任意の情報を追加できます。

```csharp
public double DoSomeWork()
{
    try
    {
        // 以下ではサードパーティ製のライブラリから
        // 例外がスローされる可能性がある
        return ThirdPartyLibrary.ImportantRoutine();
    }
    catch (ThirdPartyException e)
    {
        var msg =
            $"ライブラリの使用中に {ToString()} で問題が発生しました";
        throw new DoingSomeWorkException(msg, e);
    }
}
```

この新しいバージョンでは、例外が発生した時点で詳細な情報を追加しています。`ToString()`メソッドを適切に実装しておくことによって、問題が発生した時点におけるオブジェクトの状態もエラー情報として追加できるようになります。さらに、内部例外に設定されたサードパーティ製のライブラリをチェックすることで、問題の根本的な原因を調査することもできます。

　このテクニックは**例外翻訳**（exception translation）と呼ばれるもので、下位レベルの例外から、より詳細な情報を含んだ上位のレベルへ例外を翻訳します。エラーが発生した時点についての情報が多ければ多いほど、エラーの診断や修正が容易になります。独自の例外を作成することによって、下位レベルの一般的なエラーを元に、アプリケーション固有の例外として処理できるようになります。

　アプリケーションは頻繁ではないにしても、例外を発生させるものです。例外固有の処理を行わなかった場合、何らかのメソッドの実行がうまくいかなかったことを表すために.NET Frameworkの既定の例外がスローされます。エラーについての詳細な情報を提供することで、ライブラリ開発者、およびライブラリ利用者の両者がエラーの原因の特定やエラーの修正を的確に行えるようになります。例外に対してそれぞれ固有の対応が可能な場合に限って、複数の例外を作成すべきです。また、独自の例外を作成する場合には親クラスに定義されたものと同じシグネチャのコンストラクタをすべて定義すべきです。下位レベルで発生したエラーをそのまま伝達するためには、`InnerException`プロパティを使用します。

## 項目48　例外を強く保証すること

　例外がスローされると、アプリケーションは自身が致命的な状態にあることを認識します。制御フローも正常な状態から外れてしまい、意図した挙動も取れなくなるでしょう。さらにひどいことに、例外をキャッチせずにいると、後処理を行わないままアプリケーションが終了することになります。例外をキャッチした場合にできることは、例外の発生時にプログラムをどの程度制御できるかということに依存して決まります。幸運なことに、C#界隈では例外対策を独自に用意する必要がありません。一方、C++界隈ではすべて独自に処理する必要があります。Tom Cargillの論文「Exception Handling: A False Sense of Security」に始まり、Dave Abrahams、Herb Sutter、Scott Meyers、Matt Austern、Greg Colvinなど、多くのC++開発者によって例外対策が検討され続けていますが、C#でそれらが実を結んだと言えるでしょう。これらの議論は1994年から2000年にかけて活発に行われました。そこでは複雑に絡み合った多くの問題が話題に上り、討論あるいは検証されていました。C#ではそれらの多大な努力を大いに活用しています。

　Dave Abrahamsは例外安全保証レベルとして、基本的な例外保証（basic guarantee）、強い例外保証（strong guarantee）、例外をスローしない保証（no-throw guarantee）という3種類を定義しました。Herb Sutterは彼の著書『Exceptional C++』（Addison-Wesley、2000年）

## 第5章 例外処理

でこれらの保証レベルを解説しています。基本的な例外保証とは、関数内で例外がスローされて処理が別の場所に遷移したとしてもリソースリークを発生させず、またすべてのオブジェクトが正しい状態であり続けることを保証することです。強い例外保証は基本的な例外保証に追加して、例外のスロー後もプログラムの状態が変化しないことを保証します。例外をスローしない保証はその名前の通り、メソッドから例外が決してスローされないようにすることによって、すべての操作が失敗しないことを保証します。例外からの復旧と例外処理の単純さとのトレードオフを考慮すると、強い例外保証が最善の選択肢となるでしょう。

基本的な例外を保証するためには、ある程度.NET CLRの助けを借りることができます。メモリ管理は.NETの実行環境が行います。リソースリークが発生するとすれば、`IDisposable`を実装するクラス内において例外がスローされ、そのクラスの保持するリソースが解放されない場合に限定されます。例外がスローされた場合でもリソースリークを回避するための方法については項目17で紹介しています。しかし、それは物語の一部でしかありません。オブジェクトの状態が正しい状態であることを保証する責任はまだ開発者にあります。たとえばコレクションの変化に応じてそのサイズをキャッシュするような型を作成するとします。この場合、`Add()`によって例外がスローされた後でも実際のストレージのサイズと同期が取れていなければいけません。アプリケーション内には、部分的に完了してしまうとアプリケーションが不正な状態に陥ってしまうような処理が数多くあるでしょう。こういった状況を自動的にサポートできるような標準的なイディオムは数少ないため、簡単に対処できるものではありません。こういった問題の多くに対しては、強い例外を保証することが最善の解決策となります。

強い例外保証では、例外によって処理が終了した場合でもプログラムの状態が変化しないことが要求されます。すなわち、処理が完了する、あるいはプログラムの状態が変化しないかのいずれかです。その他の中間的な状態はありません。強い例外保証には、これが保証される限り例外のキャッチ後もプログラムを容易に継続できるという利点があります。例外がキャッチされた場合、どのような操作を要求したとしてもその操作を行わないようにします。処理が開始されないため、アプリケーションの状態も変化しません。プログラムは処理が開始される前の状態のままです。

本書で紹介したさまざまなテクニックが強い例外保証のために役立つことでしょう。プログラムが使用するデータは不変な値型とすべきです。あるいはLINQクエリのような関数型プログラミングを使用することも有効です。関数型プログラミングスタイルでは自動的に強い例外保証が行われます。

場合によっては関数型プログラミングスタイルを採用できないこともあります。その場合にはディフェンシブコピーを作成してから入れ替えるというテクニックを組み合わせることにより、例外がスローされ得る操作を行った後の動作を簡単に切り替えられるようになります。データの変更は一般的に以下のガイドラインに従って行うとよいでしょう。

1. 変更対象のデータに対するディフェンシブコピーを用意する

2. 作成したディフェンシブコピーに対して変更を行う。その際、例外がスローされる可能性のある処理も含まれる
3. コピーを元のデータと置き換える。この処理では例外をスローできない

ストレージ用の型を不変データ構造とすると、簡単にこのガイドラインに準拠できるようになります。

たとえば以下のコードでは、ディフェンシブコピーを作成して社員の肩書きと給料額を変更しています。

```csharp
public void PhysicalMove(string title, decimal newPay)
{
    // PayrollDataは構造体
    // フィールドの値が不正な場合はコンストラクタで例外がスローされる
    PayrollData d = new PayrollData(title, newPay,
        this.payrollData.DateOfHire);

    // dが正しく生成されていれば入れ替え
    this.payrollData = d;
}
```

ただし、場合によっては強い例外保証がまったく役に立たず、逆に潜在的なバグを混入させてしまうこともあります。代表的なものとしてはループ中における例外処理があります。ループ中でプログラムの状態を変更する際に例外がスローされ得る場合、2つの対応方法を選択することになります。1つはループ中で使用されるすべてのオブジェクトに対してディフェンシブコピーを作成する方法、もう1つは強い例外保証をあきらめて基本的な例外保証のみを行うようにする方法です。どちらにすべきだという鉄則はありませんが、ネイティブ環境で見られたようなヒープ上のオブジェクトのコピーにかかるコストはマネージ環境ではほとんど無視できます。.NETではメモリを効率的に管理する方法が長い時間をかけて検討されています。そのため、たとえ非常に大きなコンテナがコピーの対象になったとしても、できる限り強い例外保証をサポートすることを推奨します。コピーを避けることによって得られるわずかなパフォーマンスの向上よりも、エラーに対する耐性の強化の方が優先されるべきです。ただし特別な場合においては、コピーを作成しても無意味なことがあります。例外によってプログラムが強制終了させられてしまう場合、その例外に対して強い例外保証を行う意味はありません。それよりも参照型のコピー入れ替え時に発生し得るエラーを懸念すべきです。次のコードを参照してください。

```csharp
private List<PayrollData> data;
public IList<PayrollData> MyCollection
{
    get { return data; }
}
```

## 第5章　例外処理

```
public void UpdateData()
{
    // UnreliableOperationは失敗する可能性がある
    var temp = UnreliableOperation();

    // 以下の処理はUnreliableOperationが
    // 例外をスローしなかった場合にのみ実行される
    data = temp;
}
```

　このコードはディフェンシブコピーを活用しているように見えます。データのコピーを作成した後、取得した新しいデータを一時データとして保持しています。そして最後にデータを一時データで更新しています。特に問題はなさそうに見えます。データの取得中にエラーが発生したとしても、何も変更されるものはありません。

　ところが1つだけ問題があります。このコードはそもそも意図した通りには動かないのです。MyCollectionプロパティはdataオブジェクトへの参照を返します。そのため、このコードを使用する側ではUpdateDataが実行された後でも元々のList<>オブジェクトへの参照を保持することになります。古い状態のデータを見続けるわけです。したがって、参照型のオブジェクトに対してはこの入れ替えはうまく機能しません。一方、値型であれば問題はありません。この問題を修正するには、現在参照しているオブジェクトのデータを入れ替える必要があり、決して例外が発生しないような方法でそれを実行しなければいけません。しかし、そのためにはコレクション中にある既存のオブジェクトをすべて削除した後、新しいオブジェクトを追加するという、2つの異なる不可分な処理を実行しなければいけないため、かなりの手間になります。新しい項目の削除および追加に関わるリスクはできる限り最小限に抑えたいところです。

```
private List<PayrollData> data;

public IList<PayrollData> MyCollection
{
    get
    {
        return data;
    }
}

public void UpdateData()
{
    // UnreliableOperationは失敗する可能性がある
    var temp = UnreliableOperation();

    // 以下の処理はUnreliableOperationが
    // 例外をスローしなかった場合にのみ実行される
    data.Clear();
```

```
        foreach (var item in temp)
            data.Add(item);
}
```

　この方法は妥当なものではありますが、安定した解決策ではありません。「妥当」だといったのは、それが拠り所となることが多いからです。しかし、本当に安定した解決策を必要とするのであれば、より多くの作業が必要になるでしょう。Envelope/Letter（封筒／便箋）パターンを使用すれば、内部データの入れ替え処理を1つのオブジェクトに隠蔽できるため、安全に入れ替えを行えるようになります。

　Envelope/Letterパターンはコードを使用する側に公開するラッパー（Envelope）の内部に実装（Letter）を隠します。この例では、コレクションをラップしてIList<PayrollData>を実装するようなクラスを作成することになります。このクラスにはList<PayrollData>が保持されて、このオブジェクトがサポートするすべてのメソッドをクラスの外部に公開します。このようにすることで、内部データの処理をEnvelopeクラスに任せることができるようになります。

```
private Envelope data;
public IList<PayrollData> MyCollection
{
    get
    {
        return data;
    }
}
public void UpdateData()
{
    data.SafeUpdate(UnreliableOperation());
}
```

　Envelopeクラスはすべてのリクエストを内部のList<PayrollData>に転送する形でIListを実装しています。

```
public class Envelope : IList<PayrollData>
{
    private List<PayrollData> data = new List<PayrollData>();

    public void SafeUpdate(IEnumerable<PayrollData> sourceList)
    {
        // コピーを作成
        List<PayrollData> updates =
            new List<PayrollData>(sourceList.ToList());

        // 入れ替え
        data = updates;
    }
```

```csharp
    public PayrollData this[int index]
    {
        get { return data[index]; }
        set { data[index] = value; }
    }

    public int Count => data.Count;

    public bool IsReadOnly =>
        ((IList<PayrollData>)data).IsReadOnly;

    public void Add(PayrollData item) => data.Add(item);

    public void Clear() => data.Clear();

    public bool Contains(PayrollData item) =>
        data.Contains(item);

    public void CopyTo(PayrollData[] array, int arrayIndex) =>
        data.CopyTo(array, arrayIndex);

    public IEnumerator<PayrollData> GetEnumerator() =>
        data.GetEnumerator();

    public int IndexOf(PayrollData item) =>
        data.IndexOf(item);

    public void Insert(int index, PayrollData item) =>
        data.Insert(index, item);

    public bool Remove(PayrollData item)
    {
        return ((IList<PayrollData>)data).Remove(item);
    }

    public void RemoveAt(int index)
    {
        ((IList<PayrollData>)data).RemoveAt(index);
    }

    IEnumerator IEnumerable.GetEnumerator() =>
        data.GetEnumerator();
}
```

　このコードには多くの定型句があり、それらはいずれも自明なものばかりです。しかし気を付けるべき重要なポイントもいくつかあります。まず、IListインターフェイスの多くのメソッドはList<T>で明示的に実装されています。そのため、複数のメソッド内でキャストするようにしています。また、このコードではPayrollData型が値型であることを前提としています。PayrollData型が参照型の場合、コードを若干簡略化できます。ここではそれぞれの

違いを説明するために値型としています。`PayrollData`が値型という前提で型チェックが行われます。

言うまでもありませんが、このコードの要点は`SafeUpdate`メソッドの実装方法にあります。基本的にはこれまでのコードと同じです。このようにすることでマルチスレッドアプリケーションでもコードを安全に実行できます。入れ替え処理の途中では割り込みできません。

すべてのクライアントコードが現在のオブジェクトのコピーを保持しているか確認しない限り、参照型の入れ替えに関する問題は一般的には解決できません。入れ替え処理は値型に対してのみ有効です。それで十分なはずです。

最後に最も厳格な、例外をスローしない保証について説明します。例外をスローしない保証とは、ほとんどその名前の通りです。あるメソッドに対して例外をスローないことが保証されている場合、そのメソッドは必ず処理を完了し、決して例外をスローしません。これは巨大なプログラム中のすべての処理で採用できるようなものではありません。しかし部分的には例外をスローしないことを保証すべきです。ファイナライザや`Dispose`メソッドでは決して例外がスローされないようにすべきです。これらのメソッドで例外がスローされてしまうと、取り返しのつかないエラーを招きかねません。ファイナライザで例外がスローされる場合、後処理が完了しないままプログラムが終了することになるでしょう。大きなメソッドを`try...catch`ブロック内で行い、すべての例外を吸収してしまうことで例外をスローしないよう保証できます。`Dispose()`や`Finalize()`のように、例外をスローしないことを保証しなければいけないメソッドのほとんどは、限定的な役割しか持ちません。そのため、防衛的なコードを記述して、それらのメソッドが例外をスローしないことを保証できるような実装をするべきです。

`Dispose`メソッドで例外がスローされる場合、システム上では2つの例外が起こります。ただし.NET環境は初回例外を無視した後、新しい例外をスローします。初回例外をプログラム中でキャッチすることはできません。この例外はシステムによって自動的に処理されます。この処理のために、エラー処理がより複雑になっていることは確かです。見えないエラーをどうやって修正すればいいのでしょうか？

例外をフィルタする`when`句でも例外をスローしてはいけません。新しい例外がアクティブな例外となるため、元々発生していた例外情報を受け取ることができなくなります。

例外をスローしないことを保証すべき最後の箇所はデリゲートに登録するメソッドです。マルチキャストデリゲートに登録されたメソッド中で例外がスローされた場合、以降に登録されているメソッドは実行されません。これを避けるためには、デリゲートに登録するメソッド中で例外がスローされないようにしなければいけません。もう一度繰り返します。（イベントハンドラ用のメソッドも含めて）デリゲートに登録されるメソッドでは例外をスローしてはいけません。もし登録するメソッド中で例外がスローされる可能性があるのであれば、イベントを起こす側のコードでは強い例外保証を行うことができません。しかし別の選択肢もあります。項目7ではデリゲートに登録されたメソッドを呼び出す際に例外処理を行う方法を紹介しまし

た。とはいえ、すべてのメソッドがこの方法で実装されているわけではないので、やはりデリゲートに登録したメソッドでは例外をスローしないようにすべきです。また、自身のコード中ではデリゲートに登録するメソッド中で例外をスローしないようにしたとしても、外部のコードも同じように例外をスローしないというわけではないことに注意してください。独自のデリゲートを呼び出す場合、例外をスローしない保証を信頼することはできません。だからこそ、堅牢なプログラミングを行い、自分ではない開発者は常に最悪のコードを作成するものだと想定して、常にベストを尽くすようにすべきです。

例外はアプリケーションの制御フローに深刻な変更を起こします。最悪の場合、何が起きても不思議ではありません。あるいはまったく何も起こらないかもしれません。例外がスローされた際に何が起きていて、何が起きていないのかを把握するためには強い例外保証を行う以外に方法はありません。そして、処理が完了するか、そうでなければ何も起こらないようにします。ファイナライザやDispose()メソッド、when句、デリゲートに登録するメソッド内ではいかなる問題が発生したとしても例外をスローすべきではありません。最後に、参照型のコピーは慎重に行うようにしてください。参照型のコピーはさまざまな潜在的バグを引き起こします。

## 項目49　catchからの再スローよりも例外フィルタを使用すること

標準的なcatch句では、例外の型を基準として例外をキャッチします。その他の情報は考慮されません。プログラムの状態やオブジェクトの状態、例外のプロパティなどに対する処理はすべてcatch句の中で実行されます。これらの制約があるために、例外をキャッチした場合にはさらなる分析を実行した後、同じ例外として再スローするといった処理を実装することになります。

この挙動は後から分析機能を追加する場合に大変な手間となります。また、アプリケーションの実行時においても追加のコストがかかります。そこで、例外をキャッチして処理する方法を管理するための機能である、例外フィルタの機能を利用することによって、分析機能を後から実装したり、実行時のコストを回避したりすることができます。これらの理由から、catch句に条件ロジックを追加するのではなく、例外フィルタを実装すべきです。

コンパイラが生成するコードとの違いは、例外をキャッチして再スローするのではなく、例外フィルタを使用するような習慣が付くという点です。例外フィルタはcatch句の後にwhenキーワードを続けて記述する式です。それによって特定の型の例外がcatch句に該当するかどうかを制限できます。

```
var retryCount = 0;
var dataString = default(String);
```

## 項目49　catchからの再スローよりも例外フィルタを使用すること

```
while (dataString == null)
{
    try
    {
        dataString = MakeWebRequest();
    }
    catch (TimeoutException e) when(retryCount++ < 3)
    {
        WriteLine("処理がタイムアウトしました。再実行します。");
        // 再実行する前に一時停止する
        Task.Delay(1000 * retryCount);
    }
}
```

コンパイラは、スタックの巻き戻しが起こる前に例外フィルタが評価されるようなコードを生成します。フィルタ内では、元々の例外発生箇所であったり、ローカルの変数の値を含む、コールスタック上のすべての情報を確認できます。フィルタの式が false と評価されると、ランタイムはコールスタックを遡っていき、例外を処理できる catch 句を引き続き探します。ランタイムがコールスタックを遡る間、プログラムの状態は変化しません。

この処理と例外発生時の処理を比較して、問題が特定できない場合には例外を再スローすることになります。

```
var retryCount = 0;
var dataString = default(String);

while (dataString == null)
{
    try
    {
        dataString = MakeWebRequest();
    }
    catch (TimeoutException e)
    {
        if (retryCount++ < 3)
        {
            WriteLine("処理がタイムアウトしました。再実行します。");
            // 再実行する前に一時停止する
            Task.Delay(1000 * retryCount);
        }
        else
            throw;
    }
}
```

このコードが実行されると、ランタイムは例外を処理できる catch 句を見つけ出します。そして catch 句が見つけ出されると即座にスタックの巻き戻しが行われます。メソッド内で宣言されたローカル変数のほとんどは、巻き戻しが起こるとルートからたどり着けなくなります

# 第5章　例外処理

（クロージャから到達可能な変数としてキャプチャされている場合には到達可能な場合があります）。問題の根本的な原因の調査に必要となる値は無効になり、オブジェクトの状態も失われます。

　`catch`句の中では、エラーから復旧できるかどうかを判断します。復旧できない場合には元の例外を再スローします。上のコードでは例外を再スローするための構文を正しく使用しています。明示的に新しい例外としてスローしてはいけません。もしそうしてしまうと、例外をスローした場所の情報を持った新しい例外が作成されてしまいます。

　このような実行パスの違いから、問題の調査方法やデバッグ方法にも違いが出ることがわかります。まず、デバッグ中にはローカル変数の値が失われます。また、例外発生時の情報も失われます。一方、例外フィルタを使用した場合には例外の根本的な原因の調査に役立つような、プログラムのすべての状態が問題調査用のトレースデータ中に残されます。先のメソッドを使用すると、スタックが巻き戻された時点で一部の情報が失われます。以下の2つのメソッドでは、`SingleBadThing()`メソッドを呼び出して例外がスローされた際に、例外内のコールスタックでどの位置が報告されるかをコメントとして追加しています。

```
static void TreeOfErrors()
{
    try
    {
        SingleBadThing();
    }
    catch (RecoverableException e)
    {
        throw; // ここがコールスタックで報告される
    }
}

static void TreeOfErrorsTwo()
{
    try
    {
        SingleBadThing(); // ここがコールスタックで報告される
    }
    catch (RecoverableException e) when (false)
    {
        WriteLine("この位置には到達できません");
    }
}
```

　`throw`キーワードを使用した場合、コールスタックは`throw`が記述された位置を報告します。これは実行位置が`catch`句の中に入ってから例外が再スローされているからです。`try`句にあるコード行番号は失われます。しかし例外フィルタを使用した場合、コールスタックは例外をスローしたメソッドが呼ばれた位置を報告します。上のコードはかなり単純化しているた

め、例外が発生した場所を簡単に特定できますが、巨大なアプリケーションの場合、例外の発生箇所を発見するのは簡単ではないでしょう。

例外フィルタを使用すると、プログラムのパフォーマンスも改善できます。.NET CLRでは`catch`句が実行されないような`try...catch`ブロックに対して、実行時のパフォーマンスへの影響が最小限となるように最適化されます。しかしスタックの巻き戻しが起こり、`catch`句が実行されるとパフォーマンスにかなりの影響が出ます。例外フィルタの場合、フィルタで例外が処理できない場合にはスタックの巻き戻しが起こらず、`catch`句も実行されないため、パフォーマンスの改善が見込めます。パフォーマンスが低下することはありません。

多くの開発者が採用しているようなテクニックであっても、それらの多くを変更することになるでしょう。場合によっては、例外のいくつかのプロパティが例外の処理タイミングに影響を与えることがあります。最も顕著な状況としては、タスクベースの非同期プログラミングを行う場合です。タスクが何かしらのコードを実行して失敗状態に陥ると、例外がスローされます。タスクは1つ以上の子タスクを起動している場合があるため、複数の例外が原因で1つのタスクが失敗することがあります。この状況に対応できるようにするために、`Task`の`Exception`プロパティは`AggregateException`型になっています。実行中のタスクが例外を処理できるかどうかを判断するためには、この型の`InnerExceptions`プロパティに格納された（1つ以上の）例外を確認する必要があるかもしれません。

`COMException`クラスも同様です。このクラスには`HResult`プロパティがあり、相互呼び出しで生成されるCOMのHRESULTの値が格納されます。例外を処理できるようなHRESULT値もあれば、処理できない値もあります。例外フィルタを使用することによって、`catch`句が実行されずともこの状況に対応できるようになります。

最後の例は`HTTPException`です。このクラスにはHTTPレスポンスコードを返すメソッド`GetHttpCode()`があります。一部のエラーコード（301：恒久的移動など）に対しては復旧処理を実行できますが、他のエラー（404：未検出など）は復旧できません。例外フィルタを使用することにより、復旧可能なエラーだけを処理することができます。

例外フィルタを追加することによって、例外を完全に制御できる場合にのみ`catch`句が実行されるように例外処理を実装できます。例外フィルタを使用すると、発生したエラーの情報をより多く確保できるようになります。一部の状況においては、プログラムのパフォーマンスも向上します。例外の型よりも例外の情報の方が必要である場合、例外フィルタを追加することで、`catch`句が実行される前に復旧可能かどうかを判断できるようになります。

## 項目50　例外フィルタの副作用を活用する

常に`false`を返すような例外フィルタを作成することに矛盾を感じるかもしれませんが、発生した例外をすべて確認したい場合には有効な方法です。項目49で説明したように、例外フィルタはランタイムが適切な`catch`句を見つけ出すためにスタックを確認している間に実行さ

## 第5章　例外処理

れます。つまりスタックの巻き戻しが起こる前に実行されるということです。

　まず標準的な例から説明していきます。一般的に、製品用のプログラムではどこかしらで未処理例外をログに残すことになります。中央サーバーにデータを送信したり、ローカルにログファイルとして保存したりするでしょう。いずれにしても、しっかりしたプログラムであればすべてのエラーに対する記録が残るようになっています。

　たとえば以下のメソッドがあるとします。

```csharp
public static bool ConsoleLogException(Exception e)
{
    var oldColor = Console.ForegroundColor;
    Console.ForegroundColor = ConsoleColor.Red;
    WriteLine("エラー : {0}", e);
    Console.ForegroundColor = oldColor;
    return false;
}
```

　このメソッドはすべての例外情報をコンソールに出力するもので、ログ情報を出力させたいすべての場所で呼び出すことになります。具体的にはtry...catch句にこのfalseを常に返すフィルタを追加します。

```csharp
try
{
    data = MakeWebRequest();
}
catch (Exception e) when(ConsoleLogException(e)) { }
catch (TimeoutException e) when(failures++ < 10)
{
    WriteLine("タイムアウトエラー：再実行します");
}
```

　このコードからわかることはそれほどありません。まず、例外フィルタでは常にfalseを返すようにします。trueを返してしまうと例外が伝搬されなくなります。次に、catch句ではExceptionをキャッチすることによって、すべての例外を補足できるようにしています。これにより、すべての例外情報をログとして出力できます。キャッチの対象はExceptionクラスですが、この例外フィルタは1番目のフィルタとして記述できます。このcatch句では例外を処理しないため（常にfalseが返されています）、ランタイムは適切なcatch句を探し続けます。また、このフィルタは、すべての例外に対するcatch句を実際に記述してもよいという数少ないケースです。

　つまり実装済みのコードに影響を与えることなく、catch句を追加できるというわけです。新しいtry...catch句をあらゆる場所に追加できます。既存のcatch句の先頭にcatch (Exception e) when log(e) { }として追加することも、try...finallyブロックの中

## 項目50　例外フィルタの副作用を活用する

に追加することもできます。

　コードの位置に応じて固有のログ機能を実装したいと考えるかもしれません。先のコードではすべての例外に対するログを記録するようにしていましたが、このテクニックを特定の例外に応用することもできます。ログフィルタでは常に`false`が返されるため、単に対象とする例外の型を変更するだけです。

　あるいは最後の`catch`句の後ろに追加する方法もあります。この場合、特定の`catch`では処理されなかった例外がすべてキャッチされることになります。

```
try
{
    data = MakeWebRequest();
}
catch (TimeoutException e) when(failures++ < 10)
{
    WriteLine("タイムアウトエラー：再実行します");
}
catch (Exception e) when(ConsoleLogException(e)) { }
```

　このログ取得方法のもう1つの利点は、既存の実行フローを変更することなく、ライブラリやパッケージに応用できるという点です。従来の方法ではアプリケーションレベル、しかも最上位のレベルでしかログ機能を実装できませんでした。キャッチできる例外は実行時にコードで処理されなかった例外だけです。あるいは例外が発生し得るコードの入り口すべてにログメッセージを埋め込む方法もあります。この方法では、自身が作成したコードであれば例外発生時にメッセージを残すことができますが、呼び出している外部のコードで例外が発生した場合にはメッセージが残せません。また、いずれの方法もライブラリやパッケージ用のコードから簡単にログを出力することはできません。例外キャッチからの再スローをした場合も、コードを使用する側でのデバッグ作業が複雑化します（項目49参照）。ライブラリの作成者であれば、すべての公開APIにおいてこの`when`句でのログ機能を実装するとよいでしょう。このテクニックであれば、ライブラリでログ機能を使用したとしてもスタック情報が変更されることもありません。

　例外を処理しない例外フィルタの用途はログ機能だけではありません。アプリケーションをデバッグ実行している場合には、`catch`句で例外を処理させないような例外フィルタとしても使用できます。

```
try
{
    data = MakeWebRequest();
}
catch (Exception e) when(ConsoleLogException(e)) { }
catch (TimeoutException e) when((failures++ < 10) &&
    (!System.Diagnostics.Debugger.IsAttached))
```

225

# 第5章 例外処理

```
    {
        WriteLine("タイムアウトエラー：再実行します");
    }
```

　この例外フィルタはデバッガがアタッチされている場合にcatch句の処理を実行させません。デバッグ実行中でなければ例外フィルタをパスするため、例外用のコードが実行されます。

　このコードはビルド時の設定ではなく、ランタイム環境に影響を受けることに注意してください。`Debugger.IsAttached`プロパティはプロセスにデバッガがアタッチされている場合にのみ`true`を返します。このコードの利点は、デバッグ実行中にはcatch句のコードに入らないことです。すべての箇所に同じコードを埋め込めば、デバッグ実行中にはcatch句のコードが一切実行されないようにできます。デバッガの設定において、すべての未処理例外に対して停止するように設定した場合には、例外が発生した時点でデバッガがアタッチされます。このテクニックはデバッグ実行時以外には影響を与えません。巨大なコードベースを持ったアプリケーションにおいて例外の根本的な原因を見つけ出す場合に大変役立つでしょう。

　副作用を伴う例外フィルタを使用することによって、コード中で例外が発生した場合に何が起きているのかを確認できるようになります。巨大なコードベースを持ったアプリケーションの場合、アプリケーションの誤動作が原因で発生した例外の根本的な原因を見つけ出すツールとして役立ちます。原因が見つかれば、問題のあるコードを簡単に修正できます。

# 索引

## ●記号
.AsParallel() ……………………………… 130
.isinst …………………………………… 17
?.演算子 ………………………………… 31

## ●A
action …………………………………… 137
Action<T> ……………………………… 137
ActOnAnItemLater() …………………… 97
AggregateException …………………… 223
AppDomain ……………………………… 48
as ……………………………… 11, 112, 206
AsEnumerable ………………………… 189
AsQueryable …………………………… 190

## ●B
base() …………………………………… 54
Base Class Library ……………………… 17
BCL ……………………………………… 17

## ●C
Cast<T> ………………………………… 17
Cast<T>() ……………………………… 17
catch …………………………………… 209
class …………………………………… 74
class制約 ………………………………… 77
Close …………………………………… 208
CLR ………………………………… 39, 71
COMException ………………………… 223
Common Language Runtime ……… 39, 71
CompareTo() ……………………… 85, 86
const …………………………………… 7
constraint ……………………………… 73
contravariance ………………………… 92
covariance ……………………………… 92

## ●D
declarative code ……………………… 172
default() ………………………………… 76
Defaultプロパティ …………………… 114
dependency injection ………………… 59
Dispose ………………………………… 202
Dispose() ………………………………… 64

## ●E
eager evaluation ……………………… 162
Enumerable.Cast<T>() ………………… 17
Envelope/Letterパターン ……………… 217
Exception ………………………… 212, 223

## 
exception translation ………………… 213
expression tree ………………………… 188
Extensions.Generate …………………… 177

## ●F
First …………………………………… 192
from …………………………………… 156
Func<T, TResult> ……………………… 137
function ………………………………… 137
function parameters …………………… 142

## ●G
GC.SuppressFinalize …………………… 208
generation ……………………………… 43
GetAnItemLater() ……………………… 97
GetType() ………………………………… 16
GiveAnItemLater() ……………………… 97
GroupBy ………………………………… 157
GruopJoin ……………………………… 160

## ●H
HResult ………………………………… 223
HTTPException ………………………… 223

## ●I
ICollection<T> ………………………… 80
IComparable<T> ………………… 84, 113
IContravariantDelegate<T> …………… 97
ICovariantDelegate ……………………… 96
IDisposable ……… 41, 65, 92, 176, 178, 202
IEnumerable<T> ………………… 131, 187
IFactory<T> …………………………… 97
IL ………………………………………… 8
IList<T> ………………………………… 80
imperative code ………………………… 172
importantStatistic ……………………… 185
in ………………………………………… 96
initialCountを指定するコンストラクタ …… 51
initializer ………………………………… 44
InnerException ………………………… 212
InnerExceptions ………………………… 223
into ……………………………… 160, 161
InvalidCastException例外 ……………… 16
InvalidOperationException …………… 192
invariant ………………………………… 92
in修飾子 ………………………………… 95
IQueryable ……………………………… 188
IQueryable<T> ………………………… 187
is ………………………………………… 11

227

# 索引

### ●J
JITコンパイラ ······················································· 71
join ···································································· 160
Join ···································································· 160
Just-In-Timeコンパイラ ······································· 71

### ●L
lazy evaluation ·················································· 162
LINQ ·································································· 121
LINQ to Object ········································ 167, 188
LINQ to SQL ············································ 167, 175

### ●M
mark-compactアルゴリズム ······························· 40
Microsoft中間言語 ················································· 8
MSIL ······································································· 8

### ●N
nameof() ······························································ 24
nameを指定するコンストラクタ ························· 51
new() ···································································· 76
new T() ································································· 74
new修飾子 ···························································· 38
new制約 ······················································· 51, 77
newで初期化 ························································· 8
null条件演算子 ····················································· 29
nullチェック ······················································· 12
nullの確認 ··························································· 12

### ●O
ObjectDisposedException ································ 179
object型のインスタンス ······································ 13
object型の引数 ····················································· 14
OrderBy ····························································· 155
OrderByDescending ·········································· 155
O<T> ·································································· 156
out ······································································· 96
out修飾子 ···························································· 95

### ●P
predicate ···························································· 137
Predicate<T> ····················································· 137
privateネストクラス ········································· 196
privateヘルパメソッド ······································· 49

### ●R
Razerビューエンジン ········································· 21
readonly ································································· 7
readonlyの値 ························································· 8
readonlyフィールド ············································ 54

### ●S
SecondType型 ······················································ 16
select ·································································· 154
SelectMany ························································ 157
Single ································································· 191
SingleOrDefault ················································· 192
Skip ···································································· 192
SQLクエリ ·························································· 21
staticコンストラクタ ·········································· 47
staticメソッド ······································ 6, 26, 150
staticメンバ初期化子 ········································· 47
staticメンバ変数 ········································· 47, 58
string.Empty ······················································· 51
string interpolation ············································· 18
strong typing ······················································ 11
struct ··································································· 74
struct制約 ···························································· 77
System.Exception ·············································· 210
System.Object ····················································· 74
System.Objectを引数に取る ······························· 33

### ●T
ThenBy ······························································ 155
ThenByDescending ············································ 155
this() ···································································· 54
throw ········································································ 210, 223
ToArray ····························································· 165
ToList ································································· 165
TypeInitializationException ······························· 48

### ●U
using ·············································· 202, 205, 206
UseCollection() ·················································· 16

### ●V
variance ······························································ 92
virtualメソッド ····················································· 6

### ●W
when ·································································· 220
where ································································· 153
Where ································································ 154

### ●Y
yield return ····························· 121, 131, 140, 168

### ●あ
アクション ························································ 137
値型 ······································································ 32
圧縮 ······································································ 40

228

# 索引

アプリケーション空間 …………………… 48
暗黙的な型変換 ……………………………… 3

## ●い
依存オブジェクト注入 …………………… 59
イテレータ ………………………………… 131
イテレータメソッド ……… 119, 121, 140, 168
イベント …………………………………… 29
イベントハンドラ ………………………… 29
インスタンスメソッド ……………… 26, 195
インターフェイス制約 …………………… 102
インターフェイスメソッド ……………… 65

## ●え
エラーコード ……………………………… 199
演算子をオーバーロード ………………… 86
エンティティ ……………………………… 40

## ●お
オープンジェネリック型 ………………… 72
オブジェクト初期化子 …………………… 45
オブジェクトの書式 ……………………… 19
オブジェクトの生成数 …………………… 59
オブジェクトの生存期間 ………………… 176

## ●か
拡張メソッド ……… 6, 115, 118, 148, 150, 152
仮想メソッド ………………………… 6, 63
型推論 ………………………………… 98, 173
型の分散 …………………………………… 92
ガベージコレクション …………………… 176
ガベージコレクタ …………………… 39, 57
可変な文字列オブジェクト ……………… 60
カルチャ …………………………………… 22
関数 ………………………………………… 137
関数引数 …………………………………… 142

## ●き
基底クラス ………………………………… 74
基本的な例外を保証 ……………………… 214
基本的にはvirtualな設計 ………………… 36
キャスト …………………………………… 11
共通言語ランタイム ………………… 39, 71
共通のコンストラクタ …………………… 50
共変性 ………………………………… 92, 96
挙動を追加 ………………………………… 115

## ●く
クエリ ……………………………………… 119
クエリ形式 ………………………………… 129

## 索引

クエリ式パターン ………………………… 151
クエリの合成 ……………………………… 166
クエリ変数 ………………………………… 191
組み込みの数値型 ………………………… 3
クラス ……………………………………… 74
クラス制約 ………………………………… 102
クロージャ …………………………… 175, 184
クローズジェネリック型 ………………… 71
クローズジェネリッククラス …………… 98
グローバル化 ……………………………… 23

## ●け
計算コスト ………………………………… 174
継続可能なメソッド ……………………… 134
契約が失敗した …………………………… 202
契約を完了できない ……………………… 202
結合を疎に ………………………………… 147
限定的に定義 ……………………………… 106

## ●こ
構造体 ……………………………………… 74
構築された型 ……………………………… 118
後方互換性 ………………………………… 85
コードの可読性 …………………………… 3
コールバック ……………………………… 26
国際化 ……………………………………… 23
固有の例外クラス ………………………… 211
コレクション ………………………… 34, 131
コレクションクラス ……………………… 109
コレクションを共変的に扱う …………… 94
コレクションをモデル化 ………………… 161
コンストラクタ初期化子 ………………… 55
コンストラクタをオーバーライド ……… 49
コンパイル時エラー ……………………… 75
コンパイル時定数 ………………………… 7
コンパクション …………………………… 40

## ●さ
再コンパイル ……………………………… 10
再利用性 …………………………………… 167
参照型 ……………………………………… 32
参照型のコピー …………………………… 220

## ●し
シーケンス ………………………………… 187
シーケンス全体 …………………………… 164
シーケンスを返すメソッド ……………… 121
ジェネリック ……………………………… 71
ジェネリック型 ……………… 71, 90, 92, 118
ジェネリック型のデリゲート …………… 100

229

# 索引

ジェネリッククラス ……………………… 102, 106
ジェネリックメソッド …………… 73, 102, 106
式ツリー …………………………………………… 188
事前条件を確認 ………………………………… 202
実行されるタイミング ……………………… 186
実行時エラー ……………………………………… 75
実行時定数 ………………………………………… 7
実行時の意味 …………………………………… 153
失敗とは異なる ………………………………… 200
射影 ………………………………………… 129, 154
柔軟性 ……………………………………………… 10
重要な統計値 …………………………………… 185
終了キュー ………………………………………… 64
述語 ………………………………………… 27, 137
出力位置 …………………………………………… 95
出力の計算にかかるコスト ………………… 174
順序関係 …………………………………… 84, 155
順序関係と同値性 ……………………………… 89
純粋不変型 ……………………………………… 173
省略可能引数 ……………………………………… 11
初期化 ……………………………………………… 44
初期化子 …………………………………………… 44
初期化コード ……………………………………… 45
書式指定文字列の開始地点 …………………… 20
シリアル化可能 ………………………………… 211
親クラスのリソース …………………………… 65
シングルトンパターン ………………………… 47

### ●す
スタックの巻き戻し …………………………… 224
ストレージコスト ……………………………… 174

### ●せ
静的メソッド ……………………………………… 6
静的型付け機能 …………………………………… 2
静的定数 …………………………………………… 8
制約 ………………………………………… 73, 102
制約を作成 ………………………………………… 99
制約を指定 ………………………………………… 76
世代 ………………………………………………… 43
宣言的コード …………………………… 172, 173
潜在的なバグ …………………………………… 207

### ●そ
走査処理 ………………………………………… 138
ソート …………………………………………… 129
即時評価 ………………………………………… 162
束縛変数 ………………………………… 175, 184

### ●た
タイプセーフなジェネリック ………………… 15
タスクベースの非同期プログラミング …… 223
多相性を持たない型 …………………………… 32
タプル …………………………………………… 159

### ●ち
遅延実行 ………………………………………… 172
遅延実行モデル ………………………… 131, 180
遅延バインディング …………………………… 6
遅延評価 ………………………………… 162, 165
中間処理をカスタマイズ …………………… 137
抽象親クラス ……………………………………… 62

### ●つ
強い型付け ………………………………………… 11
強い例外保証 …………………………… 169, 214

### ●て
ディフェンシブコピー ………………………… 215
データを取得 …………………………………… 121
デストラクタ ……………………………………… 42
デフォルト引数 ………………………………… 51
デリゲート ………………… 26, 96, 98, 99, 144, 194

### ●と
同値性比較 ………………………………………… 89
独自の型のコンストラクタ …………………… 51
独自の型を定義 ………………………………… 161
特定のインターフェイス …………………… 106
特定の型 ………………………………………… 105
匿名型 ……………………………………………… 1
匿名デリゲート ………………………………… 137

### ●な
内部処理をデリゲート ……………………… 137
名前解決の規則 ………………………………… 105
名前空間に悪影響 ……………………………… 37
名前付き引数 ……………………………………… 11

### ●に
入出力空間の大きさ ………………………… 174
入力位置 …………………………………………… 95

### ●ね
ネストクラス …………………………………… 197

### ●は
派生クラスで再定義 …………………………… 35
派生クラスにおけるリソース ………………… 65

# 索引

パフォーマンス ………………………………… 10
版番号情報 ……………………………………… 10
反変性 …………………………………… 92, 96

● ひ
引数なしのコンストラクタ …………………… 51
非ジェネリック ………………………………… 15
非ジェネリックインターフェイス …………… 113
非生成型select ………………………………… 154
必要な分だけ生成 ……………………………… 123
非同期的に待機 ………………………………… 26
非マネージリソースを解放する ……………… 63
標準書式文字列 ………………………………… 19
ビルダオブジェクト …………………………… 60

● ふ
ファイナライザ ………………………… 41, 42, 68
ファイナライザキュー ………………………… 64
フィルタ ………………………… 129, 153, 185
封筒／便箋パターン …………………………… 217
複雑なクエリ …………………………………… 169
不変 ……………………………………………… 92
不変型 …………………………………………… 60
不変型の生成 …………………………………… 59
不変な文字列オブジェクト …………………… 60
古いスタイルのキャスト ……………………… 17
分散型 …………………………………………… 24

● へ
別の型へと変換 ………………………………… 154
変数初期化子 …………………………………… 45

● ほ
ボックス化 ……………………………… 32, 73, 76
ボックス化解除 ………………………… 32, 73, 76

● ま
マネージ環境 …………………………………… 44
マネージヒープ ………………………………… 40
マルチキャストデリゲート …………………… 27

● み
密結合 …………………………………………… 137

● め
命名規則 ………………………………………… 200
命令形式のコード ……………………………… 129
命令的コード …………………………… 172, 173
メソッド制約 …………………………………… 102
メソッドを呼び出した時点 …………………… 126

メモリ管理 ……………………………………… 39
メンバ変数 ……………………………………… 58

● も
文字列オブジェクト …………………………… 21
文字列補間 ……………………………………… 18

● ら
ラムダ式 ……………… 26, 98, 119, 166, 173, 194

● り
リソース管理 …………………………………… 208
リソースの暗黙的な解放 ……………………… 203
リソースの解放 ………………………………… 42
リソースの管理 ………………………………… 39
リソースリークを回避 ………………………… 214

● る
ループ処理 ……………………………………… 130
ループ中における例外処理 …………………… 215

● れ
例外 …………………………………… 126, 200, 208
例外クラスを定義する ………………………… 210
例外のキャッチ ………………………………… 12
例外フィルタ ………………………… 221, 224, 226
例外翻訳 ………………………………………… 213
例外をスロー …………………………………… 220
例外をスローしない保証 ……………………… 219
例外を用意する必要 …………………………… 210
列挙子 …………………………………………… 173

● ろ
ローカライゼーション ………………………… 23
ローカル変数の型 ……………………………… 1
ローカル変数の型推論 ………………………… 4
ローカル変数の型推論機能 …………………… 2
ローカル名 ……………………………………… 24
ロールバック …………………………………… 169
ログ機能 ………………………………………… 226

DTP　　シンクス
装丁　　山口了児（ZUNIGA）
撮影　　上重泰秀

# Effective　C#　6.0/7.0
<small>えふぇくてぃぶ　しーしゃーぷ</small>

2018年09月05日　初版第1刷発行

著　　者　Bill Wagner（ビル・ワグナー）
監　　訳　鈴木幸敏（すずき・ゆきとし）
発行人　　佐々木幹夫
発行所　　株式会社翔泳社（https://www.shoeisha.co.jp/）
印刷・製本　株式会社加藤文明社印刷所

本書は著作権法上の保護を受けています。本書の一部または全部について（ソフトウェアおよびプログラムを含む）、株式会社翔泳社から文書による許諾を得ずに、いかなる方法においても無断で複写、複製することは禁じられています。

本書へのお問い合わせについては、iiページに記載の内容をお読みください。

落丁・乱丁はお取り替え致します。03-5362-3705までご連絡ください。

ISBN978-4-7981-5386-5　　　　　　　　　　　　　　　　　Printed in Japan